观光采摘园“热门”品种及栽培技术

郑禾　主编

中国农业大学出版社
· 北京 ·

内容简介

CONTENT ABSTRACT

为满足都市农业观光采摘园的需求，北京市海淀区农业科学研究所专家、技术人员近年来从国内外引进并试种了近几百个蔬菜新品种，通过比较筛选，优中选优，遴选出一批品质优良、性状优异、特色突出、广受生产者与消费者欢迎的，适合观光采摘的优良品种。入选品种多为最新上市的优质特色品种，同时也保留了一些经过多年种植仍然表现很好、在生产中仍然大量采用的品种以及有很强生命力的老品种和传统特色品种。

本书具体地介绍了品种来源、特征特性和栽培要点。多数品种均配有清晰的彩色照片。力图突出新颖性，实用性强，是观光采摘园蔬菜生产者选择引进国内外最新优品种的指导性书籍。

图书在版编目（CIP）数据

观光采摘园“热门”品种及栽培技术 / 郑禾主编.—北京：中国农业大学出版社，2014. 8

ISBN 978-7-5655-1040-3

Ⅰ. ①观…　Ⅱ. ①郑…　Ⅲ. ①果园－果树园艺　Ⅳ. ① S66

中国版本图书馆CIP 数据核字（2014）第180641 号

书　　名　观光采摘园“热门”品种及栽培技术
作　　者　郑 禾　主编

策划编辑　张秀环　　**责任编辑**　张秀环
封面设计　郑　川　　**责任校对**　王晓凤　陈　莹
出版发行　中国农业大学出版社
社　　址　北京市海淀区圆明园西路 2 号　　**邮政编码**　100193
电　　话　发行部 010-62818525,8625　　读者服务部 010-62732336
编辑部 010-62732617,2618　　出版部 010-62733440
网　　址　http://www.cau.edu.cn/caup　　**e-mail** cbsszs@cau.edu.cn
经　　销　新华书店
印　　刷　北京博丰印务有限公司
版　　次　2014年8月第1版　　2014年8月第1次印刷
规　　格　787×1092　16开本　8.75 印张　143千字
定　　价　58.00 元

前言

PREFACE

农业观光采摘园作为都市型现代农业发展的一种模式，越来越受到社会各界的青睐，在全国各地尤其是大城市周边发展迅速，观光采摘活动成为了人们亲近自然、休闲娱乐、提高城市居民幸福指数不可缺少的生活，观光采摘也为采摘园带来大量的游客和不菲的收入，如何能打造出观光采摘园的特色，不断地吸引游人光顾采摘园，保持较高的经济效益，采摘园种植品种的选择，是非常重要的因素！

观光采摘这种有别于传统农业的模式，对品种选择提出了更高的要求，观光采摘园对种植品种有什么要求，哪些品种适合观光采摘园种植？通过实践证明，对种植品种的选择除了传统农业的要求外，更要特色突出，要求种植的品种“色、香、味”俱佳，高端、大气、上档次。要求品种要突出以下特点：

1. 优质，营养，健康

随着社会经济的发展，人们生活水平的提高，人们对农产品的需求早已由原来的“吃饱”上升到“吃好”阶段，不仅仅要吃到，而且要吃好，吃出风味，吃出健康，吃出营养，对种植品种的选择要特别注重品质，一定要品质好、风味佳而且要营养丰富，最好要有一定的保健功能。比如选择番茄品种要求番茄味道浓郁，酸甜可口，强调口感，同时要求番茄红素含量高。当前市场广受推崇的黑色、紫色农产品如黑番茄、紫花菜、紫薯、紫油菜等不仅颜色特殊，而且以美国为代表的西方科学界，通过对紫色或黑紫色的蔬菜、水果、薯类及豆类等食物的研究，发现紫色食物都具有一个共同点，就是它们都含有一种叫作花青素的物质。花青素具有极强的抗氧化作用，能有效阻击自由基；花青素还具有神奇的抗血管硬化作用，可阻止心脏病发作及脑中风，而且具备很强的抗氧化力，有预防衰老、预防癌症、增强记忆力的效果。所以，当下富含花青素且对人体健康有保健功能的品种，广受追捧。通常情况下蔬菜的营养价值高低遵循颜色由深到浅的规律，颜色越深其价值越高。所以，按顺序排列，紫色食品的营养价值仅次于黑色食品，高于绿色、红色、黄色、白色等各色食品。

2. 外观漂亮，色彩鲜艳，有一定的观赏性

观光采摘园种植的品种要求要有一定的观赏性，适合驻足欣赏，能吸引人的眼球，这也是观光园品种与普通生产用品种的区别之处，所以外观漂亮，色彩鲜艳是不可缺少的，攀缘性强的品种更适合搭建农田景观、构建作物廊道，可以设计出各种各样的艺术造型，有利于采摘园区的绿化、美化。

3. 适合采摘与现场品尝

来观光采摘园的人们既想观赏到优美的田园风光，漂亮鲜艳的果实，更要与作物零距离亲密接触，亲身体验，亲手采摘，现场品尝新鲜美味的果实，体验未曾有过的亲身亲历的感觉，这样才能愉悦心情，获得成就感，吸引更多的人前来采摘体验。同时供客人采摘的品种，要果实大小适中，适合采摘，包装携带方便，像采摘园种植的西瓜多选择单瓜重2kg左右大小的小型西瓜，大型西瓜由于个大，分量重，不便于携带与采摘，则不适合于采摘园种植。

4. 品种的多样性、新奇性和趣味性

大自然是丰富多彩、变化万千的，自然界的农作物也是多姿多彩，品种繁多，要让久居城市高楼、远离自然的人们，在闲暇之余，携老带幼投入丰富多彩的世界，普及农业知识，探寻作物生长奥秘，满足他们的好奇心和求知欲望，采摘园选用的品种要多样性，品种要适度地丰富，经常引种一些新奇的品种，增加园区的趣味性和知识性，不断吸引客人前来观赏采摘。

5. 观赏与食用性相结合

要注重优先选择一批观赏性与食用性相结合，既可以观赏又能食用的品种，采摘园种植的作物不单单只能看，还要让前来采摘的客人既能欣赏漂亮的外观、色彩，也能采摘、品尝新鲜美味。通常情况下多数采摘园收入的主要来源还是农产品的采摘，采摘的数量越多，采摘园的收益也就越高，这样也有利于增加采摘园的收入。

6. 地方特色要突出

观光采摘园不仅仅只是引进国外的新、奇、特品种，还要注意本地区特色地方品种的挖掘，本地特色品种是长期人工与自然选择保存下来的，适应了当地气候、土壤条件，也适应了当地人们的消费习惯，是当地独具特色的特产，由于其不可复制性是打造园区特色、防止采摘园同质化的一个有效手段。像北京的心里美萝卜、天津的沙窝萝卜、山东潍坊萝卜都是著名的地方特色品种，由于其优质的品质，名气早已享誉国内外，深受人们的喜爱，注重地方特色品种应用，可以打造好地方名牌、突出地方特色。

7. 抗病性、抗逆性要强，病虫害要少，生长期要长，结果期要长

抗病性、抗逆性是选择所有农作物品种的很重要的指标，虽然都市农业观光采摘园不以产量为唯一目的，但抗性强、病虫害少的品种，容易获得较高的产量，抗性强也意味着生产中可以减少或根本不使用农药，降低农药残留，生产出更加安全、健康、绿色、有机的产品，这也提高了采摘园生产的农产品质量。让人们采得放心，吃得放心！生产期要长，结果期长可以大大延长采摘供应期，提高产出量，增加收入，减少多次播种、定植的人工消耗，也缩短了换茬带来的生产空档期，也有利于园区面貌的保持。

8. 环境友好，资源节约型

注重品种对栽培环境的适应性，选择与本地区生态类型相近品种，能更好地适应本地气候、土壤等环境，并注重品种对水分、肥料的吸收与消耗，选择水资源消耗少，节水、节肥，管理简便，适合机械化耕作，有利于节省人工消耗，适应性强的品种，注重选择省水、省肥，省人工，减少各种资源消耗，节约各种资源，降低生产成本。

本书文字简练通俗，新颖性、实用性强，是观光采摘园蔬菜生产者选择引进国外最新优品种的指导性实用书籍，也适合广大菜农、农业技术推广人员、种子经营业户及农业院校有关专业师生阅读参考。

参加本书撰写文员：郑禾、李海东、李红波、陶增皎、辛燕、崔澈、王亚慧。

感谢惠和种业有限公司、 重庆姜毅种子销售有限公司、北京海淀区植物组织培养技术实验室为本书提供的部分资料！

编者

2014年5月

目录

CONTENTS

一、番茄

番茄为茄科植物，因其形似茄，也称为番茄、番李子、金橘；又因形似红柿，品种来自西方而得名西红柿。番茄最早生长于南美洲的秘鲁和墨西哥，是一种生长在森林里的野生浆果。因为色彩娇艳，当地人把它当作有毒的果子，对它十分警惕，只作为一种观赏植物来种植，18世纪后才开始食用，并开始作为蔬菜作物栽培，目前在世界各地都在食用番茄，都有番茄栽培，番茄已经成为世界著名的果菜之一。番茄果实营养丰富，具特殊风味。具有减肥瘦身、消除疲劳、增进食欲、提高对蛋白质的消化、减少胃胀食积等功效。番茄（tomato）是以成熟多汁浆果为产品的草本植物。每100g鲜果含水分94g左右、碳水化合物2.5~3.8g、蛋白质0.6~1.2g、维生素C20~30mg，以及胡萝卜素、矿物盐、有机酸。

目前生产中应用的番茄品种众多，特性各异，风味独特，果实成熟时颜色大多为鲜艳的红色、粉红色，也有黄色、绿色，果实大小差异也很大，大的果实有300~500g，小果只有10~20g，番茄品种总数也有百余种，其中有很多深受消费者喜爱的品种，通常情况下番茄是采摘园的主栽品种，一年四季都要栽培，采摘的需求量很大，采摘园产出量很大。番茄按果实的大小可以简单分为大、中果番茄和樱桃番茄（小果番茄）两大类。

（一）优质大番茄

大番茄是指生产中普遍种植的单果重在100~500g的大、中果型的番茄。这类番茄品种数量众多，特性差异也很大，能满足采摘园的种植品种并不多，这是因为以前为了满足高产和长途运输的需要，很多蔬菜品种的选育重点都集中到了果实的硬度和抗性上，保证其更抗病、更耐贮运、货架期更长。在过去的二三十年里，番茄果实的硬度大大增加，货架期延长了1倍以上。然而，与此相对应的是，番茄果实的含糖量和品质也大大降低，口感变差，“越吃越没有番茄味”。

观光采摘园种植的品种多以鲜食为主或鲜食与菜用兼顾，不用考虑长途运输保存的问题，通常即摘即食，所以特别注重果实的品质、风味、外观和口感。要求外观漂亮、果形好、果皮薄、汁多肉厚，充分成熟后果实糖度高，甜酸适度，番茄味浓郁，口感软、面、沙……通常适合鲜食、品质好的大番茄多以粉果为主，少量粉红果，粉红果品种与红果品种相比耐贮运性差，充分成熟后容易裂果，不抗TY病毒（番茄黄化卷叶病毒）。不过目前已经开始有部分粉红果抗TY 病毒口感好的品种面世，相信未来会有不少优质品种推出！

1. 粉红太郎

粉红太郎为日本MIKADO种苗株式会社选育的高品质粉红果番茄新品种。自2000年在中国市场推广以来，以其口感好、硬度高、颜色靓丽、抗病高产等优点，赢得生产者和消费者的青睐。被誉为硬度和口感兼得的优质粉红番茄，尤其适合采摘鲜食。

特征特性：

早熟，6~7片叶着生第一花序，无限生长，生长势中等，节间短。高圆果形，粉红色，从开花到采收40~50d，青果时带有绿肩，果实成熟后颜色靓丽，硬度仍然出众，较耐贮运，平均单果重约220g，最大达800g。高产，留3~6穗果，每穗3~4个，亩产可达7500~10000kg，品质特优，果实沙瓤，酸甜适口，糖度较高，非常适合鲜食，是品质和硬度兼得的优质鲜食大番茄品种。抗叶霉病、枯萎病、黄萎病、烟草花叶病毒、青枯病和根结线虫。

栽培技术要点：

（1）建议定植密度2000~2200株/亩，根据不同茬口、各地气候条件及栽培方式等选择合适的定植株数。

（2）施足底肥，以优质的有机肥 、腐熟的农家肥和磷肥为主，再辅以适量的复合肥，饱施钙肥，结果期追肥以钾肥为主，适量地再配以钙肥，防脐腐病。

（3）遵循“见干见湿，少量多次”的浇水原则，切忌大水漫灌，防止裂果、保证品质。

2. 桃太郎

日本泷井种苗株式会社选育高抗TY（黄化卷叶病毒）、口感极佳的、鲜食用高产粉果番茄品种。

特征特性：

极早熟，无限生长类型，植株长势强，株高185cm，可结果5~8穗，植株开张度78cm，叶色深绿，有茸毛，叶片肥大；茎粗1.85cm，茎基部15cm以上着生茸毛，茎节间距9.6cm，雌花形成在第7片叶节位，每穗平均结果5~6个，连续结果性强，果实呈大桃形，果脐部微尖凸，果色粉红，果皮较薄，果肉充实，心室7个，果实平均横径8.4cm，完熟后呈深粉红色，非常美丽可爱。单果重可达200~300g，口感极佳，糖度高，番茄味浓，果实采收后，可存放20d。初期产量及总体产量均很高，果实较硬，空心及裂果很少发生，抗逆性强，耐高温，抗干旱，抗病性强，高抗黄萎病、烟草花叶病毒、叶卷病、斑点病和日烧病。该品种皮较薄，不适于长途运输，适合于市郊种植，就近鲜销、采摘。特别容易栽培，每亩定植2200~2500株。

3. 樱子番茄

广东省良种引进服务公司从日本引入，粉红果，无限生长型，生长势中等，早熟，节间短，叶片中等（叶量中等），果色深粉红，果色好，高圆形果，果面光滑，果形整齐，硬度好，不易裂果，坐果好，中大果，单果重200~250g，货架期长，抗TY病毒，适合保护地栽培。

4. 爱子番茄

广东省良种引进服务公司从日本引入，中熟品种，无限生长型，生长势强，节间短，叶量大，叶片上举，果色深粉红，果色

好，高圆形果，果面光滑，果形整齐，硬度极佳，不易裂果，坐果性好，中大果，单果重200~250g，货架期长，高抗TY病毒，适合保护地栽培。需注意肥水管理。以避免出现坐果不整齐或者不均匀，果有起棱或者空心现象。

5. 瑞粉882

荷兰瑞克斯旺种苗有限公司新推出的一个抗TY病毒、口感好、粉果西红柿品种。

特征特性：

无限生长型品种，中早熟，丰产性强，坐果好。适合早秋、早春日光温室栽培。果实圆形微扁略带棱、粉红色，口感口味好，果实刚成熟时口感比较脆甜，含糖量高，汁液多，完全成熟后吃起来则有种沙瓤的感觉。中大型果，单果重200~230g，果实较硬。品种抗病性强，对番茄危害较大的花叶病毒病、TY病毒病、叶霉病、枯萎病、根腐病、黄萎病、根结线虫以及近年来危害日益严重的灰叶斑病等常见主要病虫害都有很强的抗性。

栽培技术要点：

（1）该品种适合北方早春、早秋季节温室种植，早秋栽培6月下旬至7月上旬播种育苗，早春栽培10月上旬至1月上旬播种育苗。

（2）栽培密度：要求每平方米2.5~3株，株距45~50cm。行距75~80cm。每亩保苗1800~2000株。

（3）整枝：单干整枝。一般留6~8穗果去顶。

（4）一般要求每穗留果4个。多余的花或果要及时疏去，以提高果实的商品性。

（5）浇水和施肥：瑞克斯旺番茄喜欢肥力水平中等偏上的土壤。一般要求每亩施用沤制好的鸡粪6~8m^3，复合肥70kg，二铵15kg。果实膨大期要结合灌水适当追肥。特别注意在果实着色期要少施氮肥。多施磷、钾肥。要注意生长期间勤浇水保持土壤湿润。缺水会使果实变小，产量降低引发病毒病。

6. 罗拉

以色列海泽拉高品质抗TY病毒、大果型、粉果番茄新品种，果实形状：扁球形，平均重量260g，无绿果肩，适合秋延后栽培，抗病性强，高抗黄萎病，枯萎病生理小种1、2号，番茄花叶病毒，中抗（南方）根结线虫，番茄黄化卷叶病毒。

注意：温度高于27℃的土壤和其他刺激因素可能导致抗性消失。

7. 博雅

以色列海泽拉高品质抗TY病毒、大果型、粉果番茄新品种，果实形状：球形，平均重量250g，无绿果肩，适合秋延栽培，抗病性强，高抗黄萎病，枯萎病生理小种1、2号，番茄花叶病毒，中抗（南方）根结线虫、番茄黄化卷叶病毒。

注意：温度高于27℃的土壤和其他刺激因素可能导致抗性消失。

8. 合作928

合作系列粉红果番茄品种是上海番茄研究所，上海长种番茄种业有限公司，新选育出的粉红番茄杂交一代新品种。

特征特性：

合作928早熟，无限生长习性，株形直立，叶片分布略稀，叶片着生状态直立，叶色略浅，生长势中等，首花序节位第7节，成熟果色粉红，果色艳丽，果面光滑无棱沟，果顶形状圆平无果肩，果形圆形，果梗洼小，坐果能力强，单株坐果数多，单果重220~250g，大果形，丰产性好，每亩产量9000kg左右，果形整齐均匀为突出特点；抗叶霉病、病毒病，裂果和畸形果率低，硬度大，耐贮运，货架保存期长，商品率高，风味好，适于全国各保护地与露地春、秋栽培。

9. 金棚一号

西安金棚种苗公司1999年育成，2003年通过了陕西省农作物品种审定委员会审定，目前是我国保护地粉果番茄种植面积最大的品种。据统计，累计种植面积超过200万亩。

特征特性：

金棚一号属无限生长型早熟粉红果类番茄，植株生长势中等，开展度小，叶片较稀，茎干细，节间短，主茎第7节着生第一花穗，以后每隔3叶或2叶着生一花穗。商品性好。平均单果重200~250g，果实高圆，果形好，果色好。幼果无绿肩，成熟果粉红色，均匀一般，亮度高，畸形果、裂果、空洞果极少。口感比较好，风味佳，含糖量高，可溶固形物含量高。果肉厚，心室多，果芯大，耐贮运，货架期长。综合抗性好，高抗番茄花叶病毒（ToMV），中抗黄瓜花叶病毒（CMV），高抗叶霉病和枯萎病，灰霉病、晚疫病发病率低。极少发现筋腐病。抗热性好。早熟性突出：在较低温度下坐果率高，果实膨大快。春季大棚，从开花至采收需40~50d，比L402、毛粉802早上市10~15d，早期产量比其高30%~50%，总产量高10%左右。3穗摘心，可当作低架品种使用。适宜日光温室、大棚、中棚秋延后、春提早栽培，也可用于露地栽培。在华北及中原地区可广为栽培；在东北、西北地区，由于其早熟性好，表现得很突出；在西南湿热地区及长江流域，由于其抗病性和耐弱光性好，表现得很优秀。

栽培技术要点：

（1）春早熟栽培，幼苗2~6叶花芽分化期，严格保温，夜温不宜长期低于12℃。秋延后栽培，注意培育健壮的幼苗，防止徒长。越冬栽培12月份至翌年1月份低温寡照阶段，要力争多采光，并做好保温工作。

（2）底肥施足，追肥赶早，注意钙、镁、硼等元素的补充。第一穗少留果，秋延后、春提早栽培3~4穗摘心。周年栽培、越冬栽培、春秋一大茬栽培，提倡3~4穗连续换头整枝。

（3）激素处理促进坐果，浓度宜低。苗期低温多氮徒长易形成的畸形花，浓度应更低。

（4）合理密植。不可因叶稀、茎细而过多加大密度。春提早温室3000~3500株，秋延后2500~3000株，春大棚摘心3500~4000株。

（5）近年许多地区叶霉病菌生理小种已发生变异，请注意预防叶霉病的发生。

10. 金棚11号

西安金棚种苗公司推出无限生长粉红果，抗黄化曲叶病毒（TY）类型番茄新品系，属于金棚M6的改良类型。

无限生长型，植株长势强。早熟，前期产量高，连续坐果能力优于金棚一号。果实商品性好。果实高圆，果面发亮，果形好，果脐小，一般单果重200~250g，果实均匀度较高。果实硬度、货架寿命显著优于金棚一号。抗黄化曲叶病毒，抗南方根结线虫。同时还兼抗番茄花叶病毒（ToMV）、枯萎病和叶霉病，中抗黄瓜花叶病毒，晚疫病、灰霉病发病率低。适宜在黄化曲叶病毒流行地区日光温室、大棚越冬、春提早栽培。

栽培技术要点：

（1）TY病毒株系较多，容易发生变异，与TY病毒近似的其他双生病毒也有侵染番茄的，所以本品种只有在当地试种的基础上方可大面积种植，以免因病毒变异和其他双生病毒侵染造成的损失。

（2）在较长期35℃以上的高温条件下，植株免疫能力下降，抗TY病毒品种也有可能部分感染TY病毒，故秋延栽培应尽量晚播，并采取综合防治TY病毒措施。

（3）注意预防灰叶斑病的发生和危害。

（4）抗根结线虫基因在土温高于28℃时抗虫能力下降，要在高温季节根据当地情况酌情用药。建议用无根结线虫土或基质育苗。本品种扦插苗抗根结线虫能力下降，请不要使用。

11. 硬粉8号

国家蔬菜工程技术研究中心培养而成的粉红果优质番茄品种。

特征特性：

粉色硬肉、耐运输番茄一代杂交种，无限生长型，主茎7~8片叶着生第一花穗，中熟偏早，植株生长势强，叶色浓绿、不易早衰，果形周正，以圆形或稍扁圆为主，未成熟果显绿果肩，成熟果粉红色，平均单果重200g左右，大果可达300~500g。果肉硬，果皮韧性好，耐运输性强，商品果率高。夏秋高温季节坐果习性较好，空穗少。适合夏秋茬塑料大棚及麦茬露地栽培。抗ToMV、叶霉病和枯萎病。

栽培技术要点：

夏秋塑料大棚生产播种期为5月上旬至6月中旬，保护地栽培定植密度3200株/亩左右，露地栽培3600~4000株/亩。早春育苗特别是花芽分化期间，夜间温度不要低于13℃，苗期肥力不要过高，适当控制土壤水分。保护地栽培应采用番茄灵或防落素蘸花保果，每穗留果3~4个，第一穗果核桃大之前应控制营养生长，且结合病虫害防治喷施0.3%~0.5%磷酸二氢钾。每穗果实膨大期，结合浇水追施富钾有机肥10~15kg/亩。进入开花结果期要注意控制昼夜温差，以8~10℃温差为宜，开花结果期切忌大水漫灌，注意保持土壤通透性，并注重追施优质富钾肥，以防着色不匀和生理性筋腐。

12. 花吹雪番茄

花吹雪番茄，日本武藏野选育，极早熟，无限生长型，低温生长性好，生长势强，节间短，果色粉红，果色好，圆形果，果面光滑，果形整齐，中大果型，单果重170~180g，每花序结5~6个果，番茄味道浓，甜味好，一般糖度可达6%~6.5%，硬度极佳，不易裂果，坐果性好，抗枯萎病、黄萎病、叶霉病、根肿线虫、烟草花叶病毒，适合冬季大棚栽培。

（二）樱桃番茄

樱桃番茄又名迷你番茄、珍珠果、袖珍番茄、小番茄等，属茄科番茄属1年生蔬菜，是番茄半栽培亚种中的一个变种，原产于南美洲热带秘鲁，日本、荷兰等地栽培较多，我国台湾栽培也较早，国内从20世纪80年代开始从国外引入，并逐步发展起来。

樱桃番茄，学名圣女果，在国外又有“小金果”、“爱情之果”之称。它既是蔬菜又是水果，不仅色泽艳丽、形态优美，而且味道适口、营养丰富，除了含有普通番茄的所有营养成分之外，其维生素含量是普通番茄的1.7倍。被联合国粮农组织列为优先推广的“四大水果”之一。其产量和消费量早已经超过单一水果品种的数量，成为消费量最大的水果型蔬菜。

樱桃番茄又是一类优质小果型番茄的代名词，1年生草本植物，茄科番茄属，喜温、喜光、耐肥及半耐旱，最适温度为20~22℃，多无限生长型，植株最高时能长到2m以上，环境适应采果期可长达10个月，单果重15~20g，最大可达50g，果实含糖量（8%~10%）以及其他营养高于大果番茄，果实形状有椭圆形、桃形、圆形、洋梨形等，果实色彩有鲜红、深红、紫红、绿色、黄色等多种，果实漂亮有光泽、新颖美观。同大果型番茄相比，樱桃番茄生长势强，结果力也强，一穗可结果10~20个，在我国一年四季均可栽培。适合露地、保护地栽培，北方地区保护地栽培可以一年一茬或二茬的高产栽培。由于目前市场上樱桃番茄的品种数量很多，选择品种时要把品质放在第一位，口感品质好，糖度高的品种比较受消费者喜爱，在此基础之上要综合考虑抗性和产量、耐储性。要选择综合性状好的品种。樱桃番茄栽培管理技术基本相同。

1. 千禧

千禧樱桃番茄是台湾农友种苗有限公司培育的早熟、优质、高产、鲜食小果型杂交一代“圣女”型樱桃番茄品种。因产量高、品质特优而著称。是目前种植地区较多的优质樱桃番茄品种。

特征特性：

植株长势极强，生长健壮，属无限生长类型。株高150~200cm，抗病性强，耐凋萎病，适应范围广。果柄有节，果实排列密集，单穗可结14~31个果，单株坐果量大。单果重20g左右，糖度高达10%，果实椭圆形，果肉厚，果桃红色，色泽艳丽，风味甜美，皮薄但不易裂果，产量高，耐贮运，采收期长。

栽培技术要点：

（1）栽培地宜选择光照充足、通风良好、排水容易的地块。多施有机肥和磷肥，氮肥不可过量。

（2）每亩栽2800~3000株，植株可采用双秆或三秆整枝立柱栽培，其他分枝宜早摘除。

（3）果实开始成熟时，须停止灌水，可提高含糖量，减少裂果发生。

2. 粉娘

粉娘是日本坂田种苗公司（SAKATA）培育的中、早熟，优质高产、鲜食小果型杂交一代樱桃番茄品种。该品种表现出良好的适应性，综合性状十分突出，集优质、抗病、丰产、耐贮运等优点于一身，是一个具有广阔发展前景的保护地栽培樱桃番茄新品种。

特征特性：

中、早熟无限生长类型，植株长势旺盛强健。耐热耐寒性好，抗病、抗逆性强，每2~3片叶着生一花穗，春季栽培每蔓可挂8穗果左右，单穗结果20~40个。果实正圆形，果实有光泽具有半透明质感，深粉红色，单果重20~30g，果实含糖量高、风味浓，品质出众，硬度很好，不易裂果，货架期长，产量高、品质优秀、栽培容易，高抗根结线虫病、叶霉病、晚疫病、脐腐病和枯萎病。适宜于全国范围内保护地栽培（特别推荐在根结线虫病多发地区栽培）。

3. 春桃

春桃番茄是台湾农友种苗有限公司培育的极早熟、优质、高产、优秀鲜食桃形小果番茄品种。

特征特性：

春桃属小果番茄品种，无限生长类型，半停心形，株高1.7~2m，每穗10~12个果，果实桃形，桃红色，果形特美，单果重30~40g果肉脆甜，糖度高，产量高，果、菜兼用，抗病性强，较耐寒。极早熟，秋播至采收约100d。

栽培技术要点：

（1）栽培季节：秋播至春播均可，尤以秋播最佳。一般7~10月份播种，结果成熟期和采收期处在低温季节，不易裂果，耐贮运。

（2）定植密度：3000~3500株/亩，苗子3~4叶时定植。

（3）春桃属半停心形，采用单干整枝，侧芽及时打掉，但顶端侧芽注意保留，以备主头停心，留侧芽继续生长。

（4）注意结果期间勿施用激素，以免果脐过长易碰伤，不易贮运。

4. 迷你粉桃番茄

植株高性，叶卷，抗线虫及萎凋病(Race1)，一穗可结9~18果，双秆整枝时，一株可结200果左右。果实呈小桃形，果脐部尖凸，果色粉红，完熟后呈深粉红色，非常美丽可爱。单果重45g左右，含糖量7.5%左右，有大番茄的肉质和风味，但比大番茄甜，果蒂不易脱落，果实很硬，很耐贮运。播种至采收约90d。

5. 粉秀

该品种是从台湾最新引进的新一代粉果小番茄更新换代新品种，中早熟，植株无限生长型，长势强健，高抗TY病毒，高抗根结线虫，果实深粉红色，坐果率高，结果均匀，硬度好，单果重20~25g，糖度高达12%左右，风味极佳，不易裂果，低温、高温适应性强，耐枯萎病，耐贮运。是优质樱桃番茄品种。

6. 贝蒂

荷兰瑞克斯旺公司选育杂交一代卵圆形樱桃番茄，早熟无限生长型，植株开展，生长势强，果穗排列整齐，果穗健壮，每穗结果20个左右，果实红色、鲜亮，平均单果重15g，口味极佳，含糖量11%左右，果实硬度好，耐贮运，不易裂果，可以成串采收，节间短，产量高，抗病性强。抗番茄花叶病毒病、叶霉病、枯萎病、黄萎病和线虫病。适合早春、早秋和秋冬保护地种植。目前是很受欢迎的优质樱桃番茄品种。

7. 贝美

荷兰瑞克斯旺公司选育杂交一代圆形樱桃番茄，无限生长，极早熟，植株开展，节间短，果实红色、鲜亮，平均单果重15g，果穗排列整齐，口味极佳，适合早春、早秋和秋冬保护地种植。抗番茄花叶病毒病、叶霉病、枯萎病、黄萎病和线虫病。

栽培技术要点：

（1）育苗：早秋、秋冬栽培，7月下旬至8月上旬播种育苗。早春栽培要在11月下旬至翌年1月上旬育苗。育苗最好采用营养钵或营养块育苗。育苗用土要充分消毒，出苗后及时喷洒普力克以防猝倒病的发生。

（2）施肥：喜欢肥力水平中等偏上的土壤，一般要求每亩施用沤制好的鸡粪8~10m^3，复合肥100kg，二铵20kg。果实膨大期要结合灌水适当追肥。

（3）栽培密度：亩栽2000~2200株。要求每平方米3~3.5株，株距40~45cm，行距70~75cm。

（4）整枝：单干整枝，连续生长。棚内达到一定高度后可进行落蔓，继续生长。

（5）蘸花保果：一般采用坐果灵或防落素，要求浓度冬季25~30μL/L，夏季20~25μL/L。浓度过高会影响果实生长。建议每穗留果10~12个，第一穗果可留8个。

（6）采收：因樱桃番茄的含糖量高于普通番茄，只有在完全熟时采收才能真正体现固有风味和品质。果实要及时采收，以保证良好的商品性。

8. 莉莉

以色列海泽拉公司的优质美味水果樱桃番茄，早熟，无限生长型。鲜红色，果实形状：果实圆形至椭圆形，低温时圆形，高温时椭圆形，平均单果重10~20g，绿肩，适合保护地种植，抗番茄枯萎病1号、黄萎病、烟草花叶病毒，对根结线虫有耐受性。

9. 格雷斯

以色列海泽拉公司高品质高产量的椭圆形樱桃番茄品种，适合温室和露地栽培。

特征特性：

早熟。无限生长型，植株生长旺盛，节间中等。果实椭圆形，鲜红色，平均单果重20g，无绿果肩。硬度好，保鲜期长，口感好。适合单个采摘。抗病性强，对枯萎病第1、2小种，黄萎病，烟草花叶病毒和根结线虫均有抗性。适合保护地栽培。

建议：单干或双干整枝，吊线栽培。

10. 多宝

北京世农种苗有限公司选育，风味佳、耐贮运、商品率高的樱桃番茄。

特征特性：

无限生长型，中熟，生长势强，低温适应性强。果实枣形，红果，硬度好，耐贮运，单果重23~27g。果形整齐，裂果发生少，商品率高。糖度高，进食后果皮残留少，品质优秀。保护地栽培，抗病性强（Tm2a、F1、CF9），易管理。

栽培技术要点：

（1）节间较长，避免密植，苗期注意防止徒长。

（2）激素处理时要用适宜浓度，防止粘到叶片及生长点。

（3）勤施追肥，生育后期适当增加钾肥来提高着色度及糖度。

11. 红玉

日本进口泷井交配口感绝佳系列樱桃番茄。

特征特性：

生长势中，叶小，品质特别好，含糖量高达8%~10%。酸甜适口，单果重15~20g，圆球形。整齐度度高，果色为鲜亮的红色。对枯萎病、烟草花叶病毒的复合耐病性强，栽培容易。

栽培技术要点：

适于保护地种植，冬春季定植栽培后注意保持温度在8℃以上。

12. 京丹1号

北京蔬菜研究中心选育的樱桃番茄杂交种，抗病毒病。该品种植株为无限生长类型，叶色浓绿，生长势强。第一花序着生于8~9节，每穗可结果15个以上，最多可结果60个以上。果形圆或稍高圆，成熟果为红色，单果重8~12g。果味酸甜浓郁，风味极佳，平均含糖量7%，最高可达10%。中早熟，春季定植后50~60d开始收获；秋季从播种至开始收获90d。在高温和低温下坐果性好。

13. 京丹2号

植株为有限生长类型，第一花序着生于5~6节，主茎4~6穗封顶。极早熟，春季定植后40~45d开始采收；秋季从播种至开始收获85d，每穗结果10个以上。下部果高圆形，上部果高圆带尖。成熟果亮红美观，单果重10~15g。果味酸甜可口。高温、低温条件下坐果良好。

14. 京丹6号

北京蔬菜研究中心选育，番茄树专用品种，无限生长，中熟。主茎7~8片叶着生第一花序，总状和复总状花序，每穗花朵数7~20。果实圆形稍显尖，未成熟果有绿果肩，成熟果红润光亮，果肉硬，抗裂果，每穗留果8~10个时可整串采收，树式栽培条件下单果重13g，果味酸甜浓郁，口感风味佳。高抗病毒病和叶霉病，根系发达，持续生长和结果能力强，12~28℃为生长适宜温度，在6~35℃的温度范围内可周年栽培，京丹6号番茄树观赏性强，品尝口感风味好，对休闲观光游客极具吸引力，是现代化科技园区、都市农家乐观光采摘园首选特色番茄品种。

15. 迷你盆栽番茄

是专门盆栽番茄品种，以家庭栽培与盆栽礼品番茄出售，让游客把自然带回家！和家人一起分享独一无二健康、美味和即食的番茄果实兼具良好的食用性和观赏性。

植株高度：40~60cm；平均单株坐果数：50~70；果实大小：25~30mm；果实重量：11~13g；果实含糖量：8%~10%(很甜)；采收时间：65d。

栽培技术要点：

（1）第一次整枝：在移栽后约2周修剪主茎的茎尖（即打顶，不用考虑植株开花），不允许等植株太高时才开始修剪，这次修剪可以保障植株侧枝的正常生长。

（2）第二次整枝：为了保证植株的整体美观，剪掉那些生长速度过快的侧枝，使整个植株看起来比较均匀一致。

（3）补充修剪：可以根据植株长势及时修剪分枝，保证每一个分枝都能得到很好的伸长生长。

（4）授粉：为了有效地提高迷你盆栽番茄的坐果率，应采用蜜蜂授粉、人工授粉两种方法，但受一定的条件限制。人工授粉，是利用风摇动花朵以达到提高授粉的目的。

16. 夏日阳光

以色列海泽拉精品TM优质黄色樱桃小番茄，目前是最受欢迎的黄色樱桃小番茄。该品种属无限生长型，一代杂交品种。中熟，植株长势较旺，节间略长，叶片稀疏。花序大，花量多，坐果能力强，产量高。果实圆形，亮黄色，单果重15~20g。品质特优，硬度高，保鲜期特长，无绿果肩，适合单个采摘，是口感极佳的高端产品。该品种抗枯萎病第1小种、黄萎病和烟草花叶病毒。单干整枝，吊线栽培，适合春、秋保护地种植。

17. 初恋

以色列海泽拉公司优质水果番茄，无限生长型。果实椭圆形，鲜艳的靓黄色，口味香甜。生长势中等，中熟，含糖量高，单果采收，货架期长，平均单果重15~20g，裂果少、果实整齐、结果力强。适合春、秋保护地及露地栽培。对黄萎病、番茄花叶病、细菌性斑点病有抗性。单株产量：在温度控制和田间管理正常情况下，可以连续采果4~8个月，单株产量一般为3~5kg；管理良好时，单株产量可达10kg以上。露地在定植后60d左右便可陆续采收。

栽培技术要点：

（1）施足底肥，每亩施农家肥2000kg、混合复合肥10kg和过磷酸钙10kg，每亩还可在作畦时增施充分腐熟发酵的菜饼肥10kg作为基础底肥。

（2）定植密度：一般每亩定植2000株。品种宜南北向作畦为好，建议畦宽1m，定植2行，株距35cm。

（3）定植时可进行45°角卧栽（露在上面的茎尖稍向南倾斜），以减少秧苗在地面上的高度，促发不定根，防止倒伏日烧。

（4）整枝打杈：露地生长整枝留主茎，在第一花序下打杈只留1~2个侧枝。生长后期需摘除下部老叶、病叶、病果，以利通风透光，减少病虫危害。

（5）保花保果：花期振动授粉，并可使用坐果灵。

（6）追肥灌水，进入坐果期，植株需要足够的养分和水分，应结合灌水进行薄肥勤施，以满足植株和果实迅速生长发育的需要。需要注意的是应当以有机肥为主，减少化肥使用，提高果皮厚度，增加果实色泽，确保品质，成熟期控制浇水，防止裂果现象。

（7）采收运输：贮藏或长途运输最好在转色期或半熟期采收。鲜果上市最好在近熟期采收。适时早采收可增加前期产量和产值，并有利于植株上部花穗果实的生长发育。

18. 维纳斯

维纳斯是优质黄色果樱桃番茄新品种，由北京市农业技术推广中心北农种业有限公司推出。

无限生长型，中早熟，植株生长势较强，叶绿色，茎秆粗壮，枝叶繁茂。第一花序着生在第6~7节，花序间隔3节，结果性较强，每株结果6~12穗，每穗坐果数18~30个，平均单果重15g左右。果实成熟后果色变为橙黄色，圆形果，果皮较薄，果肉多，口味甜酸适度，口感极佳，有特别的香甜味儿，风味浓，富含维生素C和β-胡萝卜素等成分。适宜于保护地冬、春、秋季栽培。种植密度每亩2000株。在北京种子交易会展示基地连续三年品种展示中评为风味最好的品种，特别适合观光采摘和作为装箱礼品菜出售，非常受消费者的喜爱。

19. 宝莲

北京世农种苗有限公司选育，中熟，无限生长型，橙黄果实樱桃番茄。生长势中强，产量高。果实圆形，单果重23g左右，果型整齐，商品性好。成熟果口感优秀，硬度好，耐贮运。抗病毒病(ToMV)、枯萎病(F1)、叶霉病(Cf9)、线虫(N)。

栽培技术要点：

（1）适宜保护地栽培，基肥为主，结果盛期适当追肥。

（2）注意掌握点花浓度（要随温度的提高而降低浓度）。

20. 金珠

台湾农友种苗有限公司培育，植株高性，早生，叶微卷，叶色浓绿，播种后75d左右即可采收，结果力非常强，一花穗可结16~70果，双干整枝时一株可结500果以上，果实呈圆形至高球形，果色橙黄亮丽，单果重约16g，糖度可达10%，皮薄，风味甜美，果实稍硬，裂果少，本品种适于春季和秋季栽培。

21. 台湾金童樱桃番茄

该品种由我国台湾引进，是市场上质量最好的黄色番茄新品种，口感好，易管理，是家庭园艺者、阳台、观光园、大型基地种植的首选品种。

特征特性：

无限生长型，叶片小，坐果率高，每穗结10~32个果，丰产性好。果色金黄色，果实靓丽优美，单果重10~25g，果实短椭圆，产量高，口感好，果皮光滑有光泽，含糖量10%，果肉脆甜，果皮厚、硬度大、耐贮运。

22. 黄京丹

品种特性：

北京蔬菜研究中心选育，一代杂交品种，中熟，无限生长型，果实黄色，果实长圆形，未成熟果显绿果肩，成熟果颜色嫩黄诱人，平均单果重50g左右。成熟果实口感软面，口感风味佳，产量高，抗病毒病和叶霉病，适合保护地兼露地特色番茄生产。

23. 京丹绿宝石

京丹绿宝石是北京蔬菜研究中心利用基因重组技术独家首创培育的精品绿色番茄一代杂交种，高抗病毒病和叶霉病，植株属无限生长型，生长势强。中熟，主茎7~8片叶着生第一花序，总状和复总状花序，圆形果，幼果显绿色果肩，成熟果晶莹透绿似绿宝石。平均单果重25g左右，果味酸甜浓郁，口感好，品质佳，是保护地特菜生产中的珍稀品种。

24. 京丹绿宝石2号

长果形纯绿熟番茄，抗病性强，无限生长型，中熟，主茎第8片叶着生第一花序，总状和复总状花序，果长形带尖，幼果显绿肩，成熟果晶莹剔透似宝石。单果重15~20g，耐裂性明显优于绿熟圆果品种。

栽培技术要点：

（1）适合大部分地区秋冬、冬春温室、大棚季节栽培与周年栽培，连栋温室与大棚温室周年栽培经济效益最佳。

（2）亩用种量5~10g。

（3）传统矮架栽培3200株/亩，长季节双秆整枝1000~1200株/亩，长季节单秆整枝2000~2200株/亩。

（4）生长期需水量比普通大番茄品种少，栽培上要采取“相对干旱”的水分管理方法，只要植株生长正常，叶片不显缺水，就可以不浇水，此做法可以提高果实的含糖量和口感风味。

（5）果实采收期，保持土壤潮润，切忌大水漫灌，忽干忽湿。可小水勤浇或采取滴灌的浇水方试以防止和减少裂果。

（6）5~35d期间可在果实表面适当喷施液态钙，以增强果皮韧性。

（7）当果实手感有弹性，并显现晶莹碧绿时即可采收上市。

（三）黑番茄

黑番茄（black tomato）原产自南美洲，是番茄家族中的珍品，因其果皮和果肉均为紫黑色而得名。其果实里茄红素、花青素和维生素C等的含量均高出普通番茄百倍，可药、食兼用，具有浓郁的水果香味，酸甜适度的口感，营养价值高，特别适合鲜食。

黑番茄中含有比红番茄中更多的茄红素（lycopene）和抗氧化剂及维生素C，结构更加合理，更容易被人体吸收，既具有预防乳腺癌、子宫宫颈癌、前列腺癌、结肠癌与心脏病的功效，又以预防乳腺癌的效果特别显著。因此，应适量常吃新鲜黑番茄或黑番茄酱以保持健康。

1. 黑珍珠

罕见的黑紫色番茄品种，杂交一代，从德国引进，植株无限生长型，中熟，从定植到初次采收60~65d，植株生长健壮，连续结果性较强，每穗结果10个左右，果实圆球形，单果重20g左右，外形、大小和巨峰葡萄相似，口感酸甜适度，具有浓郁的番茄味，特别适合鲜食。适应性广，较耐热，抗旱中等，抗叶霉病、晚疫病。适合各地保护地和露地种植，春保护地种植单株产量3~5kg，一般亩产量4000~5000kg。

栽培技术要点：

（1）栽培季节与方式："黑珍珠"番茄适合在保护地和露地栽培。春季温室栽培，可以于12月中旬至翌年1月中旬在温室育苗，2月份定植，5月下旬至7月下旬可以陆续采收。也可以在冷凉山区大棚越夏长季节栽培。可以在2月中旬至4月上旬播种育苗，4月上旬至5月下旬定植，6月中旬至7月下旬开始采收，但要注意夏季应采取降温措施。另外，还有秋冬日光温室栽培，可以在7月中旬至8月上旬育苗，8月中旬至9月上旬定植，11月至翌年3月份可以采收。

（2）定植密度：每亩种植2000株左右，平均行距75cm左右，株距35~40cm。

（3）多采用单干整枝方式，育苗量少时也可采用双干整枝方式，能节约种子投入。

（4）季节栽培每株留6~8穗果，最上部果穗的上面留2~3片叶摘心。

2. 夏娃

夏娃——黑番茄（varietynam: HA 3712.），以色列海泽拉公司最新培育的全球第一个杂交串收黑番茄。植株长势强，坐果多，产量集中，果实小圆球形，特殊的内部结构，平均单果重：40~70g，果实褐色的外部颜色又称巧克力色，口感评分7.5（对照1903=7.3），口感好，含糖量：6.1%，pH：4.29，酸甜适中，口感特殊，可以单独或成串采摘。高含对人体有益的番茄红素，番茄红素含量：135μL/L（对照1903=36μL/L），抗黄萎病，枯萎病生理小种1、2号，番茄花叶病毒，南方根结线虫，爪洼根结线虫，细菌性斑点病，灰叶斑病。

3. 小丑

小丑——大果黑番茄，原产俄罗斯，口味酸甜适中，非常爽口，色泽木褐色，近扁中型番茄，平均单果重200g左右，从播种到开始采收85d。一般亩产量6000kg。适于冬季温室栽培、早春保护地栽培，露地栽培多选春季。该品种需要选择肥沃土壤，有机质含量充足，灌排方便，要求阳光充足，果实充分见光时颜色深，尽可能阳面栽培，保持品种本色。温室栽培选择主干上架，第一花序开始坐果后，为确保产量建议每周追施有机肥。是近年值得开发的一个特色番茄品种资源，可作为高端果品沙拉配菜发展，很有市场潜力。

栽培技术要点：

（1）种子催芽温度：26~30℃，正常情况下发芽不低于90%。

（2）建议首先催芽，露白后点播于育苗杯进一步培育壮苗。

（3）从育苗到田间管理注意病毒病控制和预防。因为黑番茄抗病性显然不强。

（4）全程注重均衡施肥，尽可能减少氮素化肥供应，以利提高品质。

（5）开始成熟后，注意尽可能减少灌水，预防裂果。

二、茄子

茄子最早产于印度，公元4~5世纪传入中国，南北朝栽培的茄子为圆形，与野生形状相似。元代则培养出长形茄子，到清朝末年，这种长茄被引入日本。茄子直根系，根深50cm，横向伸展120cm。大多分布在30cm 耕作层内。茄子主茎上的果实称“门茄”，一级侧枝的果实称为“对茄”，二级侧枝的果实称为“四门斗”，三级侧枝的果实称为“八面风”，以后侧枝的果实称为“满天星”。茄子依外形分为长茄、圆茄，颜色有黑色、紫色、绿色、白色，通常情况下北方人喜欢吃黑紫色的圆茄，认为茄子味道浓，南方地区喜欢吃长茄，喜爱绵软的口感，观光采摘园通常都有一定的种植，目的是满足人们对茄子的好奇心与喜欢茄子的味道。因为茄子果柄处都有比较坚硬的刺，对采摘十分不利，目前采摘园种植的圆茄在逐渐减少，北京地区只作为特色来种植，主要是保留着老传统味道。种植长茄的比较多，这是因为长茄，尤其是国外的品种，不仅味道好，外观漂亮，品种多样，而且无刺，产量高，可以连续坐果，收获期很长，可以一次种植，多次收获，节省人工，生产效益高。

（一）圆茄品种

1. 北京六叶茄

北京市郊区优良地方品种。株高75cm，开展度90cm。第6节着生门茄，从定植到采收需50d；果实圆球形略扁，果皮紫黑色，有光泽，果肉细而致密，浅绿白色，细嫩品质较好。对低温适应性较强，适于春夏露地及保护地早熟栽培。单果重300~400g。对褐纹病、绵疫病抗性较差。

2. 早熟京茄1号

北京蔬菜研究中心选育。长势强，植株直立，株形紧凑。花蕾大，易坐果，果实发育速度快，秧、果生长协调。植株连续结果性好，平均单株结果数5~8个，单果重600~900g。果肉浅绿白色，味甜，质地细嫩，风味好。

3. 京茄5号

北京蔬菜研究中心选育的早熟、高产圆茄一代杂交种。始花节位7片叶左右。果实扁圆形、果色紫黑发亮，果肉青绿色，商品性状极佳。该品种耐低温、弱光，易坐果，果实发育速度快，畸形果少，前期产量集中；单果重500~800g。特别适合保护地栽培，同时也适宜早春露地小拱棚覆盖栽培。

4. 北京九叶茄

从北京地方品种经选纯复壮的晚熟圆茄优良品种。株高100~120cm，开展度85~100cm，株形较紧，生长势中等。第9~10节上方着生门茄，以后间隔2叶着生“对茄”，每间隔2叶着生“四门斗”。果实扁圆形，果皮深紫黑色，有光泽，果肉绿白色，致密，果柄与果肩呈40°~50°，且短。单果重200~1000g，一般作露地栽培，同时也适用于保护地栽培。

5. 圆杂16号

中国农业科学院蔬菜花卉研究所选育中蔬中早熟圆茄杂交一代。植株生长势强，连续结果性好。门茄在第7~8片叶处着生，果实扁圆形、圆形，纵径9~10cm，横径11~13cm，单果重350~700g，果色紫黑，有光泽，肉质细腻，味甜，商品性好，每亩产量4500kg。适宜春露地、日光温室和早春塑料大棚栽培。适宜华北、西北地区种植。

6. 天津快圆茄

天津市郊区优良农家品种。株高近60cm，植株较为直立，株形紧凑。第6~7节着生门茄，果实正圆形，艳紫色，有光泽，果肉白色，品质好，单果重400~500g，果实膨大、生长迅速。耐寒性及抗病性较强，抗褐纹病和绵疫病，适于春季早熟栽培。

（二）长茄品种

1. 布利塔长茄

是由荷兰瑞克斯旺公司选育的高产抗病、耐低温优良品种。该品种植株开展度大，无限生长，花萼小，叶片中等大小，无刺，早熟，丰产性好，生长速度快，采收期长。适合秋冬温室和早春保护地种植。果实长形，果长25~35cm，直径6~8cm，单果重400~450g。果实紫黑色，质地光滑油亮，绿把、绿萼，比重大，味道鲜美。耐贮存，货架寿命长，商品价植高。周年栽培每亩产量18000kg以上。

栽培技术要点：

（1）施肥：定植前20d要施足底肥，一般亩施腐熟的猪粪或鸡粪$10m^3$左右、复合肥或复混肥75kg、过磷酸钙200kg、硫酸钙5kg、硫酸钾50~100kg、硫酸镁7.5~10kg、锌肥5kg、硼砂5kg、硫酸亚铁3kg、硫酸铜3kg，深翻30cm，拌匀。定植后至开花前，要进行中耕、疏松土壤，增加地表的通透性，并控制浇水，以防苗子徒长。浇水时要随水冲肥，以保证养分供应。

（2）定植：定植时要覆土1cm左右，与地面齐平，过深、过浅都会影响幼苗的生长，定植后浇足缓苗水，栽培密度要求每平方米2.5~3株，株距45~50cm，行距75~80cm。亩株数1500~1800株。

（3）植株调整：采取双秆整枝、主秆留果的方法。植株70~80cm时及时吊蔓。对茄以上主干上每对茄子下留一个侧枝，侧枝上留一个茄子，留一片叶掐尖，离侧枝茄子最近的腋芽打掉；离主干最近的腋芽留2片叶掐尖，留着接回头茄子。

（4）保花：一般采用2，4－D和赤霉素点花，冬天浓度为25~30μL/L，夏季浓度为20~25μL/L，点花位置在花柄中间偏上的部位，拉长1cm一段即可。春天点花要点未开放的花；冬天要等到花略微开放时再点。对于茎叶生长过于旺盛或徒长的植株，可用50~100μL/L的B9喷洒全株。

2. 娜塔莉

该品种植株开展度大，花萼中等大小，叶片中等大小，萼片无刺，早熟。丰产性好，生长速度快，采收期长。适合秋冬温室和早春保护地种植。果实长形，果长25~35cm，直径6~8cm，单果重400~450g。果实紫黑色，质地光滑油亮，果实顺直，绿把、绿萼，比重大，味道鲜美。货架寿命长，商业价值高。周年栽培每亩产量18000kg以上。

3. 海丰长茄2号

北京市海淀区植物组织培养技术实验室选育成功的“海丰长茄2号”属于绿萼片长茄类型，该杂交种植株生长势强，平均始花节位7.0节，果实平均纵径23.2cm，横径4.6cm，果皮紫黑色，有光泽，平均单果重231.5g，果柄及萼片为绿色，无刺。果实维生素C含量为0.02mg/g，蛋白质含量为1.14%。货架期长，商品价值高。适宜北京、河北、辽宁和山东等地保护地栽培，周年栽培每亩产量达15000kg以上。2013年6月份通过了北京市种子管理站组织的品种鉴定。

栽培技术要点：

北京地区冬春茬栽培，7月中下旬至8月上旬用营养钵或营养块育苗。播种后及时喷洒多菌灵以防该品种猝倒病的发生。生长速度快，喜肥，一般要求施用基肥为腐熟好的鸡粪5~6m^3，复合肥75kg，磷酸二铵20kg。适宜株距45~50cm，行距75~80cm，种植密度1500~18000株/亩。双秆整枝，主秆留果。保留第一对分枝，形成双秆，其余侧枝全部去掉，并适时吊蔓。温室、大棚栽培时，可用坐果灵保花、促进坐果。

初果期和盛果期应结合浇水及时追肥，每次追施尿素或磷酸二铵10~15kg/亩，适时采收，根据天气情况10~15d浇水一次。及时打掉黄、老、病叶，复总状花序适当疏除。坚持预防为主，综合防治病虫害。

4. 京茄10号

北京市农林科学院蔬菜研究中心、北京京研益农科技发展中心选育。具有丰产、抗病等优良性状的中熟长茄一代杂交种。植株生长势强、株形直立，叶色浓绿，叶片大，单株结果数多。果实长棒形，果长30~40cm，果实横径6~7cm，单果重300g左右，每亩产量4000kg以上。果皮紫黑色、有光泽，果肉浅绿白色，肉质细嫩，品质佳，商品性好。

5. 京茄20号

北京市农林科学院蔬菜研究中心选育。长势强，耐贮运，适宜保护地长季节栽培的茄子杂种一代。植株根系发达，主茎生长快，长势极为旺盛，茎高可达2.5m以上。叶片大，叶色青绿色。果实黑紫色，果皮光滑油亮，光泽度极佳。果柄及萼片呈鲜绿色，无刺。果形棒状，果长25~30cm，果实横径5~7cm，单果重200~250g。果皮厚，不易失水，货架期长，商品价值高。该品种耐低温弱光，抗逆性强，保护地长季节栽培每亩产量18000kg以上。

6. 9318长茄

株型直立，生长势强，单株结果数多。果实长棒形，果长25~30cm，横径4~5cm，单果重180~280g。果色黑亮，肉质细嫩，籽少。果实耐老，耐贮运。每亩产量3500kg以上。适于春露地和保护地栽培。北京地区春露地栽培苗龄70~80d，保护地栽培90~100d，株行距(40~50)cm×66cm。每亩栽苗2000~2500株，每亩用种量25g。适宜东北、华北、西北地区种植。

7. 农友长茄

该品种中早熟，植株直立，株高1.3m左右，茎绿紫色，具白色茸毛。叶绿色，叶脉紫色，叶浅缺刻波浪状。全生育期270d左右，从移栽到开始采收约60d。第一花着生于9~10节，花紫红色，单花或多花序。果长棒状，皮紫红色，果长30~45cm，果径3.5~5.0cm，单果重200~300g，果内乳白色。抗青枯病，耐热、耐湿，适应性广，生长势强宜疏植。结果力特强，持续采收期长。

8. 一口茄

早熟，生长强健，抗青枯病，适应性广，花穗多花性，坐果力强，持续采收期长，果细长，适收时长约12cm，果皮淡紫红色，皮薄，肉白色，品质细嫩，品质好，风味极佳，适合整条食用(果萼也可食用)，蒸、煮、炒、炸、烫火锅等均可。

9. 金华白茄

浙江省金华地方品种。株高50~60cm，分枝多，叶椭圆形，绿色，第11~13节着生第1朵花。商品果白色，纵径11~12cm，横径6~7cm，形如灯泡。果实肉质较硬，种子多，品质较差。但耐高温、干旱，抗性强。

10. 北方灯泡茄

植株长势中等，门茄着生于主茎第10~12节。果实长卵形，纵径15~20cm，横径7cm左右，单果重200g。商品果黑紫色，肉质松软。中熟，耐热，抗病。适宜夏秋栽培。

11. 安吉拉花茄

荷兰瑞克斯旺公司选育杂交一代该品种植株生长旺盛，开展度大，花萼小，叶片小，丰产性好，采收期长，耐低温性好，适合秋冬温室和早春保护地种植。果实长灯泡形，直径6~9cm，长度22~25cm， 单果重350~400g，果实带紫白相间条纹，绿萼。质地光滑油亮，果实整齐一致，果肉白，味道鲜美。货架寿命长，商业价值高。周年栽培每亩产量18000kg以上。

12. 白天使白茄

荷兰瑞克斯旺公司选育杂交一代该品种植株开展度大，花萼小，叶片小，无刺，早熟，丰产性好，生长速度快，采收期长。适合秋冬温室和早春保护地种植。果实长形，果长25~30cm，直径6~8cm，单果重300~350g。果实表皮和果肉均为白色，质地光滑油亮，绿把、绿萼，比重大，味道鲜美。耐运输，货架寿命长，商业价值高。周年栽培每亩产量15000kg以上。

13. 绿塔

荷兰瑞克斯旺公司选育杂交一代，该品种开展度大，花萼小，叶片小，无刺，早熟，丰产性好，生长速度快，适合秋冬和早春保护地种植，果实长形，果长25~30cm，直径8~10cm，单果重400~500g。果实绿色，质地光滑油亮，绿把、绿萼，比重大，味道鲜美。货架寿命长，商业价值高。周年栽培每亩产量18000kg以上。

14. 绿长茄——新荣

荷兰瑞克斯旺公司，选育绿色长茄杂交一代，该品种植株开展度大，花萼中等大小，叶片中等大小，萼片无刺，早熟。丰产性好，生长速度快，采收期长。适合秋冬温室和早春保护地种植。果实灯泡形，果长20~25cm，直径8~12cm，单果重400~450g。果实鲜绿色，质地光滑油亮，绿把、绿萼、比重大，果肉细嫩，味道鲜美。货架寿命长，商业价值高。周年栽培每亩产量18000kg。

栽培技术要点：

（1）育苗：秋冬栽培，6月中下旬至8月中旬育苗，早春栽培10月下旬至1月上旬育苗。育苗可采用营养钵或营养块。育苗用土要充分消毒，并在播种后的苗床上及时喷洒普力克以防猝倒病的发生。并用防虫网保护苗床以防病毒侵染。

（2）施肥：瑞克斯旺茄子品种生长速度快，喜欢肥力水平高的土壤，一般要求每亩施用沤制好的鸡粪6~8m^3，复合肥100kg，二铵20kg。果实膨大期要结合灌水适当追肥。

（3）栽培密度：要求每平方米2.5株。株距45~50cm，行距75~80cm。亩保苗1600~1800株。

（4）整枝：双干整枝，主干留果。植株生长旺盛时，侧枝上可留一个果，侧枝结果后应及时摘心。

（5）点花：一般采用2，4－D和赤霉素，要求浓度冬季25~30μL/L，夏季20~25μL/L，浓度过高会影响果实生长。

三、甜椒、辣椒

1. 三色椒

瑞克斯旺的育种家们开发的一项新产品，它结合了三种外表光亮、色彩鲜艳的彩椒，在形状和口味上都不同于市面上的普通彩椒。这三个彩椒品种，无限生长，抗性特强，产量很高，颜色各异，形状较短，果肉厚，籽粒特少，口味甜美，其中可用的搭配颜色为绿色、红色、黄色和橘色。三个品种相互搭配，呈现出一个不同以往的、奇特的色彩组合。目前，Triora RZ，Trirosso RZ和Triyello RZ这三个品种已经开发运用到生产链中，并且都高抗烟草花叶病毒病，适合保护地栽培。

2. 海丰16号

特征特性：

北京市海淀区植物组织培养技术实验室选育成功的“海丰16号”为大果型甜椒杂交一代，早熟，始花节位为9~10节，植株长势旺盛，连续坐果能力较强，坐果集中，上、下层果较为整齐。果实纵径平均为9.80cm，横径平均为10.52cm，果型指数为0.93，平均果肉厚0.69cm，平均单果重为261.58g，果实方正，商品性好，四心室果率高，果实维生素C平均含量为67.6mg/100g，可溶性糖为0.20g/100g，蛋白质为0.89g/100g。中抗CMV、疫病，抗病毒病。适合北京、河北、山东等地保护地栽培和广东、广西、山西、陕西等地露地栽培。2013年通过北京市种子管理站的品种鉴定。

栽培技术要点：

北京地区春大棚栽培或秋延后温室栽培，春大棚栽培播种期在1月中旬至2月初，3月底4月初进行定植，秋延后温室栽培播种期为6月底7月初，9月初进行定植。

海丰16号植株生长茂盛，分枝力强，一般采用单株定植，株距40cm，行距60cm，不宜密植，适宜栽培温度白天25~28℃，夜间15~18℃。定植前施足底肥，一般每亩施腐熟鸡粪5000kg左右、三元复合肥30kg。定植后及时浇水，保持土壤见干见湿，防止幼苗徒长。适时采摘第1层果，防止坠秧，及时去除门椒以下的侧枝，第1茬果采收后去除膛内无效枝杈，增强通风透光性。第1次采收后，随水冲施优质复合肥30~40kg/亩，15d后再追施1次，同时叶面追施磷酸二氢钾、硫酸锌、硼砂等。注意防治病毒病、疫病、青枯病、蚜虫、蓟马等。

3. 海丰25号

特征特性：

北京市海淀区植物组织培养技术实验室选育成功的“海丰25号”为微辣型圆椒类型，早熟，植株生长势旺，第一始花节位为9节，果实膨胀速度快，连续坐果能力强，上、下层果较为整齐，差异不大，适当整枝能够实现长季节栽培。果实长方灯笼形，果长15cm左右，果宽7~8cm，果肉厚度为0.5~0.6cm，平均单果重180g左右，最大单果重可达400g左右，果面光滑有光泽，略有皱褶，果味微辣，果色亮绿，成熟果红色，维生素C含量92.7mg/100g，含糖量2.84％。田间表现抗病性较好。2010年通过全国农业推广技术服务中心组织的品种鉴定证书（鉴定编号：国品鉴菜2010001）。

栽培技术要点：

北京地区春大棚栽培或秋延后温室栽培，春大棚栽培播种期在1月中旬至2月初，3月底4月初进行定植，秋延后温室栽培播种期为6月底7月初，9月初进行定植。同时可结合设施条件进行小拱棚栽培。

海丰25号植株茂盛，分枝力强，一般采用单株定植，株行距为40cm×60cm，不宜密植，适宜的栽培温度白天25~28℃，夜温15~18℃。定植前应施足底肥，一般每亩施腐熟鸡粪5000kg，同时可追加复合肥30kg。定植后浇水应及时，保持见干见湿，防止秧苗徒长。应适时采摘第一层果，防止坠秧，且应及时抹去门椒以下的侧枝，第一茬果采收之后，去掉膛内无效枝杈，增强通风透光。第一次采收后，即随水冲施一次肥，0.5个月再追施一次，共2次，可用优质复合肥每亩地施30~40kg，同时追施叶面肥，主要用磷酸二氢钾、硫酸锌和硼砂等，微肥大多可与农药混用。主要防治的病虫害有：病毒病、疫病、青枯病、蚜虫、蓟马等。重在预防，发现病株及时清除并喷药防治。

4. 海花彩椒1号

特征特性：

北京市海淀区植物组织培养技术实验室选育的中熟灯笼型甜椒杂交一代，幼果绿色，生理成熟果金黄色，果面光滑，果味脆甜，品质优良。纵径11cm左右，果实横径8cm，果肉厚0.4~0.5cm，单果重200g左右，每亩产量3000~4000kg。适宜保护地栽培，每亩定植2500~3000株。

栽培技术要点：

北京地区春大棚栽培或秋延后温室栽培，春大棚栽培播种期在1月中旬至2月初，3月底4月初进行定植，秋延后温室栽培播种期为6月底7月初，9月初进行定植。

海花彩椒1号植株生长中等，分枝力中等强，一般采用单株定植，株距40cm，行距60cm，不宜密植，适宜栽培温度白天25~28℃，夜间15~18℃。定植前施足底肥，一般每亩施腐熟鸡粪5000kg左右、三元复合肥30kg。定植后及时浇水，保持土壤见干见湿，防止幼苗徒长。由于采摘生理成熟果，需及时去除门椒，保证上层多坐果，防止坠秧，及时去除门椒以下的侧枝，增强通风透光性。坐住5~6果后随水冲施优质复合肥30~40kg/亩，15d后再追施1次，同时叶面追施磷酸二氢钾、硫酸锌、硼砂等。注意防治病毒病、疫病、青枯病、蚜虫、蓟马等。

5. 海花彩椒4号

特征特性：

北京市海淀区植物组织培养技术实验室选育的早熟白色灯笼型甜椒杂交一代，果乳白色，生理成熟果为鲜红色，果面光滑，果味脆甜，品质优良。果实纵径10cm左右，果实横径8cm，果肉厚4cm左右，单果重150g左右，每亩产量3000~4000kg，适合保护地栽培。

栽培技术要点：

北京地区春大棚栽培或秋延后温室栽培，春大棚栽培播种期在1月中旬至2月初，3月底4月初进行定植，秋延后温室栽培播种期为6月底7月初，9月初进行定植。

海花彩椒4号植株长势中等，分枝力强，连续坐果能力强，一般采用单株定植，株行距为40cm×60cm，不宜密植，适宜的栽培温度白天25~28℃，夜温15~18℃。定植前应施足底肥，一般每亩施腐熟鸡粪5000kg，同时可追加复合肥30kg。定植后浇水应及时，保持见干见湿，防止秧苗徒长。应适时采摘第一层果（商品果为乳白色），防止坠秧，且应及时抹去门椒以下的侧枝，第一茬果采收之后，去掉膛内无效枝杈，增强通风透光。第一次采收后，即随水冲施一次肥，0.5个月再追施一次，共2次，可用优质复合肥每亩地30~40kg，同时追施叶面肥，主要用磷酸二氢钾、硫酸锌和硼砂等，微肥大多可与农药混用。主要防治的病虫害有：病毒病、疫病、青枯病、蚜虫、蓟马等。重在预防，发现病株及时清除并喷药防治。

6. 海丰23号

特征特性：

北京市海淀区植物组织培养技术实验室选育成功的“海丰23号”属早熟牛角椒类型，果色绿，果长22~30cm，果实横径3.5~4.5cm，果肉厚0.3cm，平均单果重120g，果实顺直，果面光滑，商品性好。植株生长势强，连续坐果能力强。适合北方保护地和露地栽培。

栽培技术要点：

北京地区春大棚栽培或秋延后温室栽培，春大棚栽培播种期在1月中旬至2月初，3月底4月初进行定植，秋延后温室栽培播种期为6月底7月初，9月初进行定植。同时可进行露地栽培。

海丰23号分枝力较强，一般采用单株定植，株行距为40cm×60cm，不宜密植，适宜的栽培温度白天25~28℃，夜温15~18℃。定植前应施足底肥，一般每亩施腐熟鸡粪5000kg，同时可追加复合肥30kg。定植后浇水应及时，保持见干见湿，防止秧苗徒长。应适时采摘门椒，防止坠秧，第一茬果采收之后，去掉膛内无效枝杈，增强通风透光。第一次采收后，即随水冲施一次肥，0.5个月再追施一次，共2次，可用优质复合肥每亩地30~40kg，适时采摘，保证产量的稳定性和持续性。

四、小型西瓜

小型西瓜因其外观漂亮，果型小巧，瓜皮薄，肉质细，汁多味甜，品质优异，单瓜重1~2kg，包装、携带方便，适合游人现场观赏采摘，十分迎合当前消费习惯，深受消费者青睐。小型西瓜通常生长期短，早熟，品种多样，有红肉、黄肉，有籽、无籽等多个类型，适宜多样化栽培，种植效益高，具广阔市场潜力，是观光园采摘园不可或缺的品种，也是采摘园重要的收入来源。

早期代表品种有从日本、中国台湾、韩国引入的早春红玉、红小玉、黄小玉、小兰、小凤等，在此基础上国内外育种专家陆续培育成一批优质小西瓜品种，其生产性能和果实性状及品质接近引进品种。

北方地区小西瓜一般安排在春、秋两个季节在温室、大棚种植，春季“五一”前后，秋季“十一”前后上市，生产效益高。

1. 超越梦想

当前北京市小型西瓜主流高档品种。日本引进早春红玉类型，早熟，极易坐果，连续坐果能力强，果皮韧性好。开花后约28d成熟。果实椭圆形，果型指数1.29，果皮绿色并覆窄齿条，外观亮丽，单瓜重1.59kg， 果皮厚度0.54cm，商品性好。果肉鲜红，中心部含糖量11.7%，中边糖差2.2%，多汁，纤维少，食味极佳。2012年通过北京市审定（2012001），适合北方地区春、秋大棚栽培。

2. 早春红玉

由日本引进的杂交一代品种。1996年引入，2000年浙江省农作物品种审定委员会认定。该品种生长稳健，耐低温弱光，适于大棚早春设施栽培。极早熟，主蔓5~6节出现第1朵雌花，雌花着生密，开花后在正常温度22~25℃下成熟。果实圆至高圆形，单瓜重1.5~2.0kg，果皮深绿色并覆有墨绿色条带，果皮薄约3mm，不耐贮运。果肉黄色，质细无渣，中心部含糖量12％以上，口感极佳，产量较高，一般每亩产量2000kg左右。

3. 红小帅

北京市农业技术推广站选育杂交一代，当前北京早春日光温室主要品种。极早熟，易坐果，绿皮红肉，品质好，质地脆，纤维少，口感较好，籽少，果皮厚0.47cm，较脆，耐运性中等，外形美观，产量稳定。2003年、2004年两年北京春季区域试验中，产量较对照（红小玉）高8.1％、中心部含糖量高1.07％。2005年通过北京市审定（京审瓜2005010），2006年通过国家鉴定（国品鉴瓜2006021号）。适宜北京地区早春日光温室栽培。

4. 红小帅2号

红小帅2号，又名特大早春红玉。北京市农业技术推广站选育杂交一代极早熟品种，低温弱光下坐果性好，连续坐果能力强。果实椭圆形，果型指数1.31，果皮绿色并覆窄齿条，外观亮丽，单瓜重1.5kg以上，果皮厚度0.5cm，商品性好。果肉鲜红，中心部含糖量11.6%，中边糖差小，多汁，纤维少，食味极佳。2010年先后通过北京市审定（京审瓜2010003）和国家鉴定（国品鉴瓜2010002）。适宜京郊早春日光温室及大棚栽培。

5. 红小帅6号

北京市农业技术推广站选育杂交一代极早熟品种，低温下易坐果。果实椭圆形，果型指数1.30，果皮绿色覆窄齿条，外观亮丽，单瓜重1.65kg以上，果皮厚度0.55cm，商品性好。果肉鲜红，中心含糖量11.4%，纤维少，食味极佳。2013年通过北京市审定（京审瓜2013005），适宜北京郊区早春日光温室栽培。

6. 传祺

皮韧，纤维少，瓜瓤粉红，口感脆甜，挂果期长，商品性好；授粉后35d左右成熟，果实椭圆形，平均中心部含糖量12.6%,单瓜重1.6~2.3kg。

7. 传祺4号

早熟，低温弱光条件下坐果性好，适合早春设施栽培。皮较韧，纤维少，瓜瓤粉红，口感酥脆，商品性好；授粉后30~35d成熟，果实椭圆形，平均中心部含糖量12.4%，单瓜重1.5~2.1kg。

8. 万福来

从韩国引进，杂种一代，极早熟，植株生长旺盛，果实椭圆形，单瓜重1.7~2kg，授粉后一般28~32d成熟，收获。果皮绿色，有深绿色细条纹。果肉红色，果皮极薄，纤维少，含糖量高，稳定在13%左右，口感极好。适宜大棚春季栽培，也可秋季栽培。

9. 拿比特

杭州三雄种苗有限公司从日本引入的小型西瓜品种，拿比特审定编号：浙品审字第307号。极早熟，植株生长势强，低温坐果性好，果实椭圆形，果型稳定，果皮薄，果皮浅绿，韧性强，不易裂果，耐贮运，红瓤，单果重约2kg。连续结果性好，肉质脆嫩，纤维少，中心可溶性固形物含量12%以上。一般每亩产量2000kg。

10. 红小玉

湖南省瓜类研究所育成的一代杂交新品种。生长势较强，可以连续结果，果形稍大，单瓜重约2.0kg，1株可结3~5个瓜。果实圆形，具绿色条带，外观漂亮，皮薄，果肉红色，含糖量13%以上，果肉细、无渣，籽少。自雌花开放至果实成熟约需35d。该品种1999年在北京市大兴县（现为大兴区）第12届西瓜节上获新品种奖。目前在上海市南汇县、浙江省加善县有一定栽培面积。

11. 春光

合肥华夏西瓜甜瓜科学研究所育成的杂交一代新品种。果实长椭圆形，鲜绿色并覆有细条带，单瓜重2.0~2.5kg，果型周整，不变形、不空心，果肉粉红色，肉质细嫩，含糖量13%，梯度小，风味极佳。果皮薄，仅2~3mm，具有弹性，不易裂果，耐贮运性好。植株生长稳健，低温下伸长性好，在早春不良条件下雌、雄花分化正常，坐果性好，易栽培。雌花开放至果实成熟早期约35d，中期约30d，目前在上海郊区、浙江加善县有较大面积栽培。

12. 华铃

台湾农友种苗培育的极早生品种，生育强健，结果性好，果实圆球形，皮色奇特，底色淡绿散布青黑色阔条斑，单果重约3kg，含糖量约12%，肉色深红，品质优异，皮薄坚韧，耐贮运。本品种适应性广，华南地区周年均可栽培。尤其在高温期栽培时，果实肥大快速，不易裂果，糖分稳定，不易空心，品质好。本品种外观新奇，是红肉小西瓜品种中之极品。

13. 黄小玉

湖南省瓜类研究所1994年从日本引入的黄肉小型西瓜。2002年通过北京市审定，适宜北京地区露地和保护地栽培。

特征特性：

早熟小型西瓜杂种一代，全生育期90d左右，果实生育期28d。植株生长势中等，分枝力强。正常结果植株主蔓长4.0cm，主蔓粗0.7cm。叶长18cm，叶宽15cm，叶片掌状深裂，叶色浓绿。主蔓第一雌花着生节位5~7节，雌花间隔4~5节，坐果性好，单株坐果2~3个。抗性强，耐炭疽病、疫病，低温生长性良好。果实高球形，果型指数1.13，单果重2.0kg左右。果皮翠绿色并有虎纹状条带，皮极薄，仅0.3cm，皮韧，较耐贮运。果肉浓黄，肉质脆沙细嫩，味甜爽口，不倒瓤，中心部含糖量11%左右，口感风味佳，露地区试平均每亩产量1300kg，生产试验爬地栽培每亩产量2000kg左右，立架栽培可达3000kg。

栽培技术要点：

（1）选地、整地、施肥、覆膜：选择土层深厚，排灌方便的土壤，亩施腐熟有机肥2000kg，并混施复合肥40~50kg，进行高畦地膜覆盖栽培。

（2）播种、育苗、定植：露地地膜覆盖栽培采用阳畦育苗，3月中下旬至4月中旬播种，4月中下旬至5月中旬定植；也可于2月底至3月初播种，温床育苗，4月初定植于温室或大棚。秋延后栽培于7月中下旬至8月初播种，育小苗移栽或大田直播。

（3）肥水管理：与大果型品种相比，基肥和追肥尽可能少施或不施无机氮肥，增施有机肥，坐果后期加强追施膨果肥，宜少量多次。

（4）栽培密度与整枝方式：地爬栽培以每亩600~800株为宜，三蔓整枝；立架栽培以每亩1000~1200株为宜，二蔓整枝。

（5）留瓜、采收与运输：一般一蔓留一果，九成熟时采收，外销一般八九成熟采收，以纸箱包装运输为佳。

14. 阳春

合肥华夏西瓜甜瓜科学研究所育成的杂交一代新品种。果实高圆形，皮色翠绿并覆有墨绿色条带，外形美观，果肉金黄色，鲜艳，肉质细嫩，爽口多汁，中心部含糖量12%~13%，梯度小，风味佳，品质上等。植株生长强健，耐病，抗逆性强，在低温弱光下生长正常，易坐果，单株结果数多，单瓜重约2kg，极早熟，适于大棚早熟覆盖栽培。

15. 黄小玉H

湖南省瓜类研究所育成的一代杂交新品种。果实高圆形，单瓜重2kg左右。果皮厚约3mm，不裂果，果肉金黄色略深，含糖量12%~13%，肉质细，纤维少，籽少，品质极佳。抗病性强，易坐果，极早熟，雌花开放至果实成熟约26d。

16. 特小凤

台湾农友种苗公司育成的杂交一代新品种。极早熟小果型品种，果实圆至高圆形，果形整齐，具墨绿色条带，果肉晶黄色，肉质细嫩、脆爽，甜而多汁，含糖量12%左右，果形整齐，皮薄，较易裂果。耐低温，适于秋、冬、春三季栽培，产量高，一般亩产量1400kg。

17．小兰

台湾“农友”种苗公司选育，属杂交一代（F1）早熟黄肉小型西瓜品种，全生育期78d，果实为特小型，含糖量16%（属超高糖型），极早生，结果能力强，丰产，果实圆球形至微长球形，果重常在1.5~2kg，皮色淡绿，底子青色霞条斑，瓤肉黄色晶亮，种小而少，抗各种病虫害。适宜各种土壤。

18．黄小帅

北京市农业技术推广站选育杂交一代黄肉小型西瓜品种，田间生长势中等，果实发育期32d，主蔓第8~9节着生第1雌花，雌花间隔4~5节。易坐果，平均单瓜重1.16kg，果实短椭圆形，果形指数为1.11，果皮绿色底上覆宽齿条，黄瓤，中心可溶性固形物含量10.10%，边部可溶性固形物含量8.80%，肉质细脆，多汁，纤维少，口感好，果皮厚0.40cm，较脆，耐运性中等。

19．拇指西瓜

拇指西瓜（melothria scabra）是瓜类中一种新型可观可食的迷你水果，俗称拇指西瓜。拇指西瓜（佩普基诺）是葫芦科马儿属植物，墨西哥酸黄瓜（mexican sour gherkin）、双秆整枝，主秆留果。保留第一对分枝，形成双秆，其余侧枝全部去掉，并适时吊蔓。温室、大棚栽培时，可用坐果灵保花、促进坐果。在当地以家庭种植为主，用于鲜食，做蔬菜沙拉、凉拌、腌制、调制鸡尾酒等。最先由荷兰食品生产商科普珀特·普雷斯公司对其进行温室引种栽培，2009年在英国一经上市，每250g价格高达10英镑。自2011年起该品种先后在杭州、广州、成都、西安、山东、平顶山等地引种成功，但目前在国内尚未销售。

特征特性：

拇指西瓜果实外观小巧，大小和鸽子蛋、樱桃番茄相似，全生育期长达130~140d，成熟后果实长约2.5cm，单瓜质量5~8g，一茬每亩产量可达1500~2000kg商品瓜，呈椭圆形，表皮深绿色且有银绿色条纹，外观像小西瓜，表面光滑无刺，内瓤青绿色，口感独特，既有黄瓜的清香，又有柠檬的酸甜，果实可直接食用。

拇指西瓜是1年生藤本，瓜蔓偏细，叶色翠绿，瓜叶小而尖、浅裂（与常春藤叶形相似），瓜叶大小为其他黄瓜的1/5~1/3，触摸时有粗糙感。株高可达2.0~2.5m；适合高密度栽培，株距可以缩小到15cm。植株前期生长缓慢，在第15节后生长迅速，易坐果且连续坐果能力强；温度高时侧枝果实成簇生长。拇指西瓜开花期较晚、开花节位较高，一般在第11~14节出现第1序花；成熟的瓜蔓开黄色花，雌、雄异体，先开雄花，紧随其后的是坐果雌花，温度低时为单生，由于单性结实能力相对其他黄瓜弱，需进行人工授粉。植株不耐霜冻，在温和、阳光充足的夏季生长良好，但耐寒、耐旱能力比大多数黄瓜强，适宜生长温度在22~30℃。适宜在肥沃、湿润、排水良好的中性沙壤土、泥炭土中生长。拇指西瓜坐果期长达65~80d，果实生长缓慢。小巧独特的果型和可观可食的特点，非常适用于生态园观光种植，也适合绿化、美化景观项目。

栽培技术要点：

（1）品种来源：拇指西瓜为重庆姜毅种子销售有限公司独家从美国引进的特色品种。

（2）茬口安排：拇指西瓜露地可春、夏栽培，日光温室、连栋温室等设施可周年栽培。

（3）育苗：拇指西瓜种子较其他黄瓜小，但发芽率可达98%以上，且发芽快，夏季一般3~4d发芽，苗期生长较慢，需在定植前25~35d播种。出苗前温室内白天温度28~30℃；出苗后白天25~28℃，夜间20℃。尽量多见光。

（4）定植：幼苗四叶一心时，按大行距70cm，小行距50cm、高25cm作畦。畦面铺设两根滴灌管，覆黑色地膜。定植时按25cm株距，进行双向定植，每亩种植4500株。

（5）植株调整：植株长至5~7片叶时开始吊绳引蔓。定植后25d左右，在第11~14节出现第1雌花，植株前期生长势较弱，在第15节以后开始迅速生长，为保证植株健壮生长，前15节果实需摘除。生长期间无须整枝、落蔓，但要及时修剪和清除老弱枝叶，保证植株正常开花结实。

（6）保花保果：拇指西瓜坐果较难，应在雌花开放后用20mg/L氯吡脲（KT-30）药液浸渍幼果，以促进坐果。

（7）温光管理：设施栽培要及时调节室内温度及光照，一般白天温度保持在25~30℃，夜间15~20℃，昼夜最少要保持10℃以上的温差。拇指西瓜较喜光，秋、冬、春季要尽量多见光，夏季适当遮阴。

（8）水肥管理：定植时浇透定植水，在缓苗期不浇水、不追肥。拇指西瓜是生长迅速的浅根蔬菜，滴灌宜采用小水勤浇的方式，15节前每3~5d浇1次水，15节后每2~3d浇水1次，根据天气状况可适当调整浇水间隔。15节开始追肥，每10d追施1次，每亩施全水溶氮、磷、钾复合肥（N：P：K 为 20：6：36）4kg，随水追施。

（9）采收：播种60~70d、果皮刚软化时及时采收，每隔3~4d采收1次；或待其自然落果后收集，鲜食最佳。及时采收不仅能确保植株正常开花结果，还能避免植株早衰和畸形瓜的形成，从而提高产量。

五、厚皮甜瓜

厚皮甜瓜是瓜类中的高档品种，其外观漂亮、瓜皮颜色多种多样，产量高，品质优，糖度高，通常在15%~16%，果肉清香。有瓜中之王的美誉，最具代表性的是网纹甜瓜，在国外，尤其在日本、韩国等地，网纹甜瓜因被誉为最高档的礼品水果之一而被广泛栽培。网纹甜瓜由于果皮开裂而形成的网纹犹如一张美丽的纱衣罩在果外，更增加了几分迷人的魅力，更显高贵的品质。我国20世纪90年代起从日本、中国台湾、荷兰等地陆续引进一批优质厚皮甜瓜品种，厚皮甜瓜保护地栽培迅速发展起来，厚皮甜瓜由于生长期较长，对种植技术要求高，通常作为采摘园中最高档的瓜类品种种植。

1. 白薄洛托

白薄洛托厚皮甜瓜是由日本八江农芸株式会社育成的极早熟厚皮甜瓜。杂交一代甜瓜新品种，该品种为丰产多收、外形美观的高档早熟厚皮甜瓜。表现优质丰产，商品性好，经济效益高，适合本地区春、秋两季栽培。

特征特性：

白薄洛托厚皮甜瓜叶呈圆形，叶片小，叶色浅绿，叶面细毛多，气孔大；主蔓粗壮、节间短，子蔓健壮，植株生长势好；较抗蔓枯病和白粉病；果实呈球形，果皮纯白有透明感，外观漂亮；果肉厚，且白色，子室小，可食率高。从开花到成熟38~40d，坐果率高，单株结瓜4~6个，一般单果重800~1200g，最大瓜达1750g，平均含糖量为15%~16%，汁多味甜，香味浓，食味佳，商品性好，耐贮运。

栽培技术要点：

（1）可春、秋两季栽培：春季栽培定植苗龄以3~3.5片真叶为宜，秋季栽培定植苗龄以1.5~2片真叶为宜。

（2）育苗：可采用地爬栽培和立架栽培。每亩播种量：地爬栽培约700 粒，立架栽培约2000粒。

（3）定植前10d完成作畦，并覆盖地膜使地温逐渐上升，定植时地温稳定在18~20℃。立架栽培株行距为：畦宽180cm，1畦种2行，株距40cm，行距80cm，单蔓整枝。地爬栽培株行距为：畦宽250cm，1畦种1行，株距40cm，双蔓双向整枝。

（4）收获：40d左右成熟。当结果枝的叶色转变为褐色枯焦时，即为收获期。

2. 阿鲁斯系列网纹甜瓜

阿鲁斯系列网纹甜瓜由日本八江农芸株式会社育成，是目前日本市场上最高级的网纹瓜新品种。其凸现网纹所展现的外观和内在品质无与伦比。无论外观还是品质都具备了一流品种的特性。品种已形成春Ⅰ、春Ⅱ、夏Ⅰ、夏Ⅱ、夏Ⅲ、秋Ⅰ、秋冬Ⅰ、秋冬Ⅱ八个品种的系列，以适合不同季节栽培之用的完整周年栽培系列。

特征特性：

立架栽培专用的绿肉型网纹瓜品种，株形直立、叶片大小中等、有深深的缺刻。结果枝伸长早，雌花着生极其稳定。耐蔓割病。低温膨大性好，即使遇上不利环境，也能较好地发挥其膨大性好的特点，果形呈高球形，果肉1600~1700g。网纹的出现较早，开花后12d左右，网纹开始产生，30d左右几乎能完全形成。网纹出现稳定，极细及粗裂纹出现的可能性极小，果实整齐度好。成熟天数因地域、作型不同而有差异，一般需要60d左右，温暖地区在5月下旬收获的情况下可能要短一些。

3. 蜜绿网纹

日本品种，单果重1.5kg左右，果实圆形，果皮淡黄绿色，含糖量15%左右，收获适宜期为开花后50d左右，抗白粉病、蔓割病。

4. 比美夏I

日本品种，单果重1.6~1.7kg，开花后12~25d网纹开始凸显，果实整齐度好，收获适宜期为开花后60d左右。

5. 苏网1号

江苏苏州品种，单果重1.3kg左右，果实高球形，果皮绿色具灰白色细密网纹，含糖量15%左右，收获适宜期为开花后50d左右，抗白粉病、蔓割病。

6. 夏乐

日本品种，果皮黑绿色，耐蔓割病、耐低温，含糖量可达17%，成熟天数57d左右。

7. 绿翠

日本品种，单果重1.2kg左右，果实长椭圆形，果皮暗黄色带青斑纹，果肉纯白，肉质脆爽，含糖量15%~17%。

8. 京蜜7号

北京北农种业有限公司选育，单果重1.5~2kg，果实椭圆形，果皮黄底白网，网纹均匀厚实，凸起明显，果实发育期40~45d。

六、水果黄瓜

水果黄瓜或称迷你黄瓜，属1年生蔓生植物，植株强雌或全雌，第一瓜节位低，比普通黄瓜瓜码密，节节有瓜，一般瓜长12~20cm，瓜面光滑无刺或少刺，瓜直径3cm，外观小巧，由于其风味清香，口感好，品质佳，更有清香脆甜的品种，非常适合采摘鲜食，在采摘园中深受消费者喜欢，是观光采摘园不可缺少的品种。

水果黄瓜最早始于20世纪90年代从欧洲的荷兰、法国引入，之后日本、中国台湾的品种陆续进入国内，近年国内育种专家也育成一些优质的水果黄瓜品种，目前市场上品种十分丰富，选择余地很大。水果黄瓜以秋冬、冬春日光温室与春大棚、秋大棚保护地栽培为主，采摘园种植品种选择优先考虑品种品质，品质好，口感佳、口味脆甜的品种应该是水果黄瓜中的上品，最受消费者喜爱，同时要兼顾品种的抗病性、丰产性、耐低温弱光性，选择全雌单性结瓜的品种。

1. 一休靓瓜

来自日本的最新型水果黄瓜，外表光滑、无刺、圆柱形，从小到大都可以采收，标准果长17~20cm，直径约3cm，单果重100~120g。果肉深绿色，果皮有光泽，视觉感新鲜。果皮薄、肉质脆嫩、口感好，特别适合鲜食。与以往的黄瓜类型相比具有涩味少、甜味强的优点，也适用于炒菜用或加热食用。对于白粉病和霜霉病有很强的抗性，可以周年栽培，由于分枝也可以坐果，因此产量非常高。

除了具有中国的密刺型黄瓜和荷兰水果型黄瓜的肉质脆嫩、口感好的一般特性外，一休靓瓜的甜味更浓，果实光滑，清洗和食用非常方便，而且果实圆柱形，弯曲果和大肚瓜特别少，果皮有光泽、视觉感非常新鲜，外观漂亮，比欧洲型水果黄瓜更长，不易弯曲、瓜条更好看。当您厌倦了密刺黄瓜上那扎人的硬刺；当您觉得荷兰黄瓜的水分太少，不够甜脆；当您不愿意吃完黄瓜，嘴里却留下那涩涩的感觉。一休靓瓜，将给您全新的感觉！

2. 戴多星

荷兰瑞克斯旺公司选育杂交一代种，植株生长势中等，适合晚秋和早春大棚和温室里种植，生产期较长，开展度大，强雌性，单性花，以主蔓结瓜为主，瓜码密，每节1~2个瓜，果实呈墨绿色，有光泽，微有棱，长16~18cm，直径2cm，无瘤无刺，果实味道好，口感脆嫩，抗黄瓜花叶病毒病、黄脉纹病毒病、霜霉病、白粉病，耐低温弱光等不良条件，丰产性好。

栽培技术要点：

播种盘或苗床育苗，2~3片真叶定植，密度为每平方米3~3.5株，主茎留果。适宜较为肥沃的土壤。要施足底肥，多施农家肥和磷、钾肥，并注意及时浇水。

（1）适期播种育苗：秋冬日光温室一般在7月下旬至8月中旬播种，越冬黄瓜的适宜播期为9月下旬至10月上中旬；早春日光温室和大棚在11月中旬到翌年2月初在日光温室内播种育苗，苗龄掌握在30d左右，2~3片真叶。

（2）培育壮苗：黄瓜苗期白天温度控制在28~30℃，夜间控制在10~12℃。苗期一般少浇水，配合浇水施适量叶面肥。定植前一周，进行低温锻炼。为提高植株的抗病、耐寒和抗逆性，生产中采用黑籽或白籽南瓜进行嫁接育苗。

（3）定植及定植后管理：定植密度为每亩2000~2200株，定植选在晴天上午进行，定植时挖穴浇水，待水渗下后，覆土封穴。缓苗后，温度白天保持28~30℃，夜间14~16℃。为培育壮苗，一般5节以下不留瓜。结瓜期每4~5d浇一次水，两水之间追一次肥，每亩施硫酸钾10~20kg，追肥以速效钾肥为主，可适量补充氮肥。进入结果期，要及时摘除卷须。雌花过多要及时疏花疏果。结瓜后期，植株生长速度加快，必须及时落蔓，及时疏掉下部老、黄、病叶片，以利通风、透光。

3. 冬之光

荷兰瑞克斯旺公司选育杂交一代水果黄瓜，冬性强，耐低温，弱光性好，适合于早春、早秋和秋冬日光温室栽培。产量高，孤雌生殖。果实长度16~18cm，表面光滑，味道鲜美。抗黄瓜花叶病毒病、白粉病和疮痂病。

4. 夏之光

荷兰瑞克斯旺公司选育杂交一代水果黄瓜，早熟品种，耐热，适合在春夏、早秋日光温室和大棚栽培，生长势中等，每节1~2个果。果实长度16~18cm，表面光滑稍有棱，味道鲜美。抗黄瓜花叶病毒病、黄脉纹病毒病、疮痂病和白粉病。

5. 戴安娜

北京北农种业有限公司推出的一代杂交品种。

品种特性：

植株生长旺盛，节间短，每节可坐瓜，瓜皮中绿色，瓜长15cm左右，横径2.5cm，瓜条圆柱形，无刺、无瘤，易清洗，口感甜脆，清香爽口，适宜生食。较耐低温弱光的条件，发芽适温25~30℃，生长适温23~32℃，夜间13~15℃，抗病性较强。

栽培技术要点：

适宜在春、秋、冬季保护地栽培，采用育苗移栽的方式，可用黑籽南瓜嫁接。每亩定植2200~2800株。5节以下不留瓜，蹲苗时间要短，及时浇水追肥，调节适宜的温度和光照，满足生长条件，及时采收商品瓜。

6. 白贵妃

品种特性：

植株生长整齐健壮，节间短，每节可坐瓜。瓜短柱形，表皮淡绿色，长15cm，直径2.5cm，口感甜脆，清香爽口，品质极佳，适宜生食。抗病性较强，适宜在春、秋、冬季保护栽培，不宜在露地栽培。

栽培技术要点：

适宜在春、秋、冬季保护地栽培，不宜在露地栽培，最好采用嫁接的方法，单蔓整枝，育苗移栽的方式，每亩2000~2500株。前期不需控苗、蹲苗，及时追肥浇水，调节适宜的温度和光照，满足生长条件，促进连续结瓜，注意及时采收。

7. 阿信

台湾农友种苗杂交一代水果黄瓜。早熟，生长健壮，结果能力强，瓜长22cm，横径约2.7cm，单瓜重约100g，果色翠绿亮丽，果实刺少而白，肉色翠绿，肉质脆甜爽口，耐贮运水果黄瓜之极品。

8. “金童”、“玉女”

品种来源：

金童、玉女是由北京北农三益黄瓜生态育种科技中心自主研发，并已向农业部申报植物新品种权。

“金童”、“玉女”为超小水果型黄瓜新品种，其品质特点为甜脆、清爽、口感好。“金童”色泽亮绿，“玉女”呈淡白色，两者大小形状一样，可两色搭配包装。通过在北京地区2010年秋冬和2011年冬春两茬的保护地引种试验，两个品种均表现耐低温弱光，田间综合抗病性较强，连续坐果能力强，商品率高，品质优良，产量稳定等性状，每亩产量2500~3000kg。该产品一上市就受到媒体、特菜种植基地及高档酒店等的广泛关注和欢迎，成为水果型黄瓜家族中的新亮点，两品种所具备的国内外绝无仅有的特色，可定位为都市农业高档品种、精品黄瓜，种植经济效益好，具有很好的推广前景。

特征特性：

"金童"、"玉女"超小水果型黄瓜均为椭圆形，光滑、无刺、有光泽，脆甜、清爽。强雌性，极早熟，瓜膨大速度快，连续坐瓜能力强，每节1~2瓜，商品瓜长4~5cm，无把。平均单瓜重30g，节间长度8~10cm。较耐低温、弱光，适合保护地秋冬或冬春栽培。

其区别仅是"金童"瓜色亮绿，"玉女"瓜色淡白。

栽培技术要点：

（1）培育壮苗：早熟性强，全生育期结瓜密集，果实发育速度快，株形紧凑，培育壮苗，是取得品种高产高效的关键。

（2）设施消毒：定植前，首先要彻底清除前茬作物的残株病叶、病果、杂草等，然后再用硫黄熏蒸等方法，对棚室内附着于表面的残余病原体进行消毒。方法为：每100m^{3}用硫黄粉250g、锯末500g，掺匀后装入陶瓷花盆之类的容器内，分放在棚室内的地面，傍晚时分将棚室密闭，点燃熏蒸1夜或用45%百菌清烟剂，也可利用7、8月份高温闷棚等方式进行杀虫灭菌。

（3）播期选择："金童"和"玉女"较耐低温和耐弱光，当设施内夜间最低气温稳定在12℃以上，地温15℃以上就可种植。但夏季高温、强光会使其品质下降，所以棚室如果没有遮光和相应的降温条件，应避开此阶段或另行选择冷凉地区安排。北京地区，秋冬茬适宜播种期为8月下旬至10月中旬，冬春茬为12月中旬至3月上旬。生产者可根据保护地的设施条件及市场行情、供应周期等因素，酌情安排播种期。冬茬种植可选白籽南瓜嫁接，但影响果皮厚度和口味。

（4）育苗："金童"、"玉女"黄瓜种子价格较贵，育苗时采用精量播种，可使用穴盘或营养钵等。黄瓜苗喜湿怕涝，喜温怕冷，好气性强，因此，一定要选用通气性良好、保温、保肥、渗水、保水能力强的基质，如草炭、蛭石、珍珠岩、泥炭等。发芽适温为24~26℃，一般4d出苗。出苗后，白天保持23~25℃，夜间13~16℃，标准的幼苗表现矮壮、紧凑。苗龄不宜过长，达2~3叶1心时即可定植，苗龄一般为25~35d。

（5）定植

①施足底肥、精耕细作：每亩棚室基肥施用腐熟优质有机肥8~10m^3或商品有机肥2~2.5t，饼肥100kg，磷酸二铵15kg，硫酸钾15kg，混合均匀后撒施或2/3撒施、1/3沟施。具体用量可根据土质、土壤养分状况等情况酌情增减。北方地区宜采用小高畦栽培方式，畦宽可选1.2~1.4m。

②定植：定植选在晴天上午进行，种植密度每亩定植2500~2800株，采用大、小行栽培，大行距80cm，小行距40cm，以株距控制单位面积定植总数。定植期气温较低时，定植水不宜过大，之后根据温度、苗情等情况及时补充水分。

（6）田间管理

①温度：定植1周内保持白天30~35℃，夜间18~20℃，不超过35℃不放风。缓苗后要降低温度，白天22~25℃，夜间13~16℃。随着外界气温的变化，温度过高时可逐渐采取先顶风、后腰风的原则通风换气、降温除湿。“金童”、“玉女”两个品种不耐高温。

②光照：“金童”、“玉女”的耐弱光性较强，但在冬季低温情况下，使用无滴新膜等方式增加光照强度，对提高其外观商品性、风味、产量等的效果显著。进入高温、强光期开始，要加盖遮阳网，以降低光照强度，但须注意加大通风降温，控制浇水，防止过干、过湿。

③水肥管理：定植后5~7d一次浇足缓苗水后，一般在第一雌花开花前不再浇水，但可视苗情追施一次提苗肥。第一雌花开花后，要比其他品种提前开始浇水追肥，第1次每亩施N、P、K 三元复合肥30kg，此后每5~7d浇1次水，以水带肥，深冬寒冷季节，可10~12d浇1次水，如出现脱肥，可追施叶面肥。若有可能，适当增施二氧化碳肥，对黄瓜生

长发育有明显的促进作用。气温转暖后，植株对肥水需求量加大，需3~4d浇水1次，每亩施复合肥15kg和硫酸钾15kg，进入中期，适量施用以速效钾肥为主的果蔬专用肥。

注意：该品种果实发育迅速，果实数量多，采取少量多次的浇水方式，有助于提高商品品质。

④植株调整："金童"、"玉女"均为强雌性，几乎每节同时发育出瓜和侧枝，主侧蔓具有同样的坐瓜能力。植株叶片大、厚，一般采用单蔓整枝方式，去除所有侧枝，只留主蔓瓜。瓜秧长到满架高度后落蔓，每次落蔓让植株生长点保持在1.5m处，继续生长。为保障前期瓜的正常发育和后期营养生长稳定持续，避免出现早衰现象，应去除前6~8节的所有瓜。冬季进入严寒季节之前，根据棚室的保温条件和瓜秧的生长势，应适当进行疏花疏果，避免瓜多坠秧，甚至花打顶，达到安全越冬、高产、稳产之目的。

（7）病虫害防治："金童"、"玉女"品种田间综合抗性较强，所以在彻底清除传染源和注意通风控湿、瓜秧生长健壮的基础上，只要把握"治早、治小"的病虫害防治原则，即可有效控制霜霉病、灰霉病、角斑病、根结线虫、白粉虱等病虫害的发生。

（8）采收："金童"、"玉女"商品瓜长4~5cm，平均单瓜重30g。初期阶段每天采收一次，进入盛瓜期后每天可采收1~2次。"金童"、"玉女"以体型娇小、外表秀美、甜脆可口为其主要特征来满足高端市场的需求，必须把握好采收标准和时间，才能保证其优良的商品性，"玉女"单瓜重可适度放宽，口感不受影响，"金童"超过采收标准口感略差。采收时去除瓜柄，包装前应再进行一次分拣、分级，方便包装，更能提高商品性。

9. 餐宝

荷兰瑞克斯旺公司选育杂交一代水果黄瓜，适合在早春、早秋和秋冬日光温室栽培的鸡尾酒型黄瓜品种，耐寒性好，每节可坐果2个以上。果实长度10~12cm，表面光滑，味道好。

栽培技术要点：

（1）育苗：育苗穴盘或营养钵，精量点播。发芽适宜温度为24~26℃，温度过高发芽快，但胚芽细长；温度过低出芽慢，甚至烂种。正常温度下播种一般4d出苗，出苗后，白天保持在23~28℃，夜间保持在16~18℃。黄瓜的根系喜温怕冷，有氧呼吸旺盛，宜选用通气性好，保温、保湿、保肥的苗床土，如草炭土等。

（2）定植：定植前要精细整地，大量施用有机肥。一般亩施腐熟的有机肥6m^{3}以上，再补施复合肥50~80kg，做成垄，垄宽1~1.2m，种2行。一叶一心时定植，苗龄15~20d。定植密度为每亩1800~2200株。定植后立即浇缓苗水，使幼苗坨与垄土结合，利于根系发展。

（3）水肥管理：定植后3~4d浇一次较小的缓苗水，促进缓苗。缓苗水后再浇水时，每水带肥，每亩冲施尿素10kg，每隔5~7d浇一次水。结果期要每周叶面喷施一次0.2%~0.3%的磷酸二氢钾，空气湿度保持在75%左右。

（4）温度管理：定植一周内，白天25~30℃，夜间18~20℃，不超过30℃不放风。缓苗后要降低温度，白天22~28℃，夜间16~18℃。

（5）光照：该品种耐低温、弱光性较强，冬季寒冷、弱光情况下，能获得较高的产量。

（6）二氧化碳施肥：有条件可适当补充二氧化碳，浓度为750mg/kg，黄瓜产量将增加20%左右。

（7）采收：主茎结果，可根据市场需要适时采收。一般要求长度12~16cm。

（8）病虫害防治：黄瓜病虫害主要有霜霉病、白粉病、细菌性角斑病和枯萎病等，虫害有潜叶蝇和蚜虫等，预防为主，防治结合。

10. 斯特拉

以色列海泽拉公司优质水果黄瓜品种，无限生长型，一代杂交品种。植株生长势强，连续坐果能力强，每节1~2条瓜，瓜条顺直，果实长度12~15cm，表面光滑，口感甜脆。主抗：白粉病（PM/Sf），小西葫芦黄化花叶病毒（ZYMV），黄瓜叶脉黄化病毒（CVYV）。中抗：黄瓜霜霉病（DM/Pcu)。适合早春越冬栽培。

11.“454”水果黄瓜

以色列海泽拉公司优质高产水果黄瓜品种。

品种特征：

（1）“454”属于全雌花的雌性系品种：每个节位上不只生长一个雌花，而是长出多个雌花。

（2）一节多叶：该品种1个节位上常常会长出2个以上的叶片，最多的可达4个叶片。由于每叶片能供给1个瓜的营养，所以，1节可以产多个瓜，丰产性好。

（3）生长势强：该品种在肥水充足的条件下，茎粗可达0.8~1.0cm，叶片纵向长度可达30cm，株高可达480cm，平均节数达56节，生育期长达180d。

（4）生长速度快早熟：该品种生长速度很快，从播种到始收只需60d。到盛收期以后，从开花到商品成熟只需3~4d。

（5）商品性好：该品种属于小果型品种，单果重只有50~60g，果实整齐一致，果长16~18cm，果粗3cm。瓜味浓，而且有甜味。深受消费者的喜爱。

（6）抗逆性强：该品种可以忍耐6~7℃的低温和37~38℃的高温。对霜霉病和灰霉病也有一定的耐病性。

栽培技术要点：

（1）施足底肥：要想获得高产，必须施足底肥，每亩应施腐熟猪粪10000kg，磷酸二铵50kg，硫酸钾20kg。

（2）培育壮苗：培育壮苗是获得丰产的首要条件，应采用营养钵护根育苗。随着幼苗的长大，要及时疏散秧苗，保证每个秧苗都有足够的营养面积，苗龄一般为25~30d。

（3）温度管理：在苗期温度要严格管理，温度过高易徒长，温度过低易寒根。一般白天为20~30℃，夜间为15~18℃。到中后期要防止高温危害，当温度升高到32℃时应及时放风。

（4）肥水管理：进入采收期以后，每10d左右追1次肥，每次每亩施美国钾宝15kg，每次施肥后都要浇水。平时的水分管理要见干见湿，还要看温度，温度低时少浇水，温度高时多浇水。

（5）植株管理：为了调节秧、果关系，应注意疏花疏果，7节以下的小瓜应坚决清除掉。每片叶只能供给1个果实的营养，所以中后期要根据叶片数进行疏花疏果。

（6）病虫害防治："454"黄瓜的主要病害是霜霉病和灰霉病，防治霜霉病用普立克加安克叶面喷雾，从霜霉病初发期开始，每隔7d喷1次，连喷3次。防治灰霉病采用速克灵进行叶面喷雾，每隔7d喷1次，连喷3次。"454"黄瓜的虫害主要是白粉虱，可用天王星进行防治，每隔5~7d喷1次，连喷2次。

（7）适时采收：当瓜条长到商品成熟时，要及时采收，以保证有较好的商品性。如果采收不及时，就会因降低商品性而降低产值。

（8）采用落秧管理技术：该品种的主干生长势很强，采用落秧的办法可以降低生长点的高度，充分利用有限的空间，应用此法可以无限延长采收期，提高产量。采用落秧的办法可以使采收期延长到120d，单株结果数达68个，单株产量达3.5kg。

12. 月脂水果黄瓜

月脂水果黄瓜为全雌株，熟性早，主蔓结瓜，连续坐果，节间短，瓜呈短柱状，长约15cm，皮质淡绿，中腔细小，瓜条顺直。整齐一致，货架期长，卖相好，生长势中等。品质优良，口感好，属于典型的特色蔬菜品种。

栽培技术要点：

本品种春、秋季节保护地专用种。须嫁接栽培，独蔓整枝。苗龄须控制在30~35d，前期不准控苗，蹲苗。生长期间须勤施肥，保证植株连续生长，定植密度为4株/m^2。在低温条件下，7节以下不要留瓜，7节以上每节只留一个瓜。具体参照当地气候和条件进行栽培。

13. 京研迷你系列黄瓜

北京市蔬菜研究中心选育，保护地专用品种，耐热，适宜春、秋大棚种植，植株全雌，节节有瓜，一号长10cm、二号长12cm、三号长14cm，无刺光滑，味甜，生长势强，耐霜霉、白粉、枯萎病。注意防治蚜虫和病毒病。每亩定植3000株，达到商品瓜标准时采收。栽培管理同普通品种。最低温度不低于8℃。

14. QQ水果黄瓜

新品种水果黄瓜，外形独特，强雌高产，一节1~2瓜，结瓜性好，膨瓜速度快，株形强壮，产量高。商品性极佳：短椭圆形，瓜长5~7cm均可采摘，平均单瓜30~40g，光滑无刺，光泽度好，脆嫩，清甜爽口。抗病性强，对霜霉病、白粉病等抗性好，易栽易管。

15. 甜翠13号水果黄瓜

广东省良种引进服务公司引进，从泰国引进的高品质迷你浅绿白色水果黄瓜。

特征特性：

高品质迷你浅绿白色水果黄瓜，瓜条顺直美观，颜色亮丽，口感脆甜无涩味，食味鲜美，瓜条长13cm左右，无刺瘤；生长势旺盛，连续坐瓜能力强，抗病性极好；适于春季大棚及冬春温室栽培。定植密度：2500株/亩，亩用种量50~60g。

七、超小型优质南瓜

超小型南瓜是指平均单瓜300~500g，抗病性强，早熟高产，连续坐瓜性好，外观漂亮，肉质硬，口感甜、面、强粉，既可食用又具有极佳观赏性的一类微型南瓜，其代表品种有日本贝贝南瓜，这类南瓜突出特点是品质特优，是目前公认的最好吃的南瓜。这类南瓜食用方便，只需将果实切开挖出种子，置于微波炉中烘烤3~5min，就可品尝到粉香甜糯味道，深受市场和消费者的青睐，是观光采摘园特色采摘品种。

超小型南瓜多数属西洋南瓜类型，耐寒不耐热，喜凉爽温和气候，适宜生长的温度为15~28℃。在栽培中创造和延长适宜生长的环境条件是获得高产的关键。

1. 贝贝

贝贝南瓜，日本协和种苗选育，1998年在日本育成，优质南瓜的经典代表，也是目前最好吃的南瓜之一，老熟瓜甜、面、强粉，品质特优，深受市场和消费者的青睐，上市至今已经有近20年，一直畅销不衰，国内替代品种与之相比还是有一定的差距。

特征特性：

植株生长势强，早熟，抗病性强，连续坐瓜性好，平均单瓜400~500g，果皮黑绿色带浅绿色条纹，扁圆形，外观漂亮，肉质硬，口感甜、面、强粉。叶片比大果形品种小，长势旺盛，后期不易早衰，收获期长，单棵植株可收获10个以上，产量极高。雌花每隔3~4个节位着生，开花后35~40d可收获，耐储藏、运输。对环境要求，耐寒不耐热，喜凉爽温和气候。

2. 贝贝2号

日本协和种苗最新育成，贝贝类优质小型南瓜品种，与目前推广的贝贝南瓜非常接近，两个品种的主要区别点：贝贝2号果重：约400g，果比贝贝略小。坐果数：平均10个/株，超过贝贝。雌花数量或坐果性超过目前贝贝品种。果形非常接近，主要是果蒂部位有点平。果肉色、长势、成熟期同等，栽培管理技术相同。

3. 迷你京绿栗

北京市农林科学院蔬菜研究中心选育的极早熟迷你南瓜品种。

品种特性：

早熟迷你礼品南瓜，长势稳健，茎蔓粗壮，较抗病毒病，容易管理，产量高，生育期85~90d，极易坐瓜，每株平均结瓜3~5个，单瓜重300~500g，瓜形厚扁圆，深绿色，果型周正，瓜肉橘黄色，甘甜粉面，口味佳，适应性广，南、北方春季露地、大棚和温室均可种植。

栽培技术要点：

（1）适时播种育苗，春季苗龄25~30d，晚霜过后定植露地，大棚种植可适当提前。

（2）吊蔓栽培株行距50cm×100cm，亩用种植1300株左右。

（3）重施农家肥，10节以上留瓜，坐瓜后追加膨瓜肥水，使植株和果实旺盛生长。

（4）加强蚜虫、潜叶蝇、白粉虱等虫害和杂草防治，预防病毒病和白粉病发生。

（5）雄花少，昆虫少或雨水天气应加强人工辅助授粉，可用80~100μL/L的2，4-D或防落素、坐瓜灵等植物生长调节剂喷花或蘸花辅助坐瓜。

4. 白色水晶贝贝迷你南瓜

皮色纯白带浅条斑，高品质迷你小南瓜品种，单果重500g左右，果形扁圆，晶莹玲珑，极美观漂亮，肉特厚，粉质度高，甜度好，品质极佳。生长旺盛，连续坐果力强，单株可收获10个果以上，产量高，授粉后45d可收获。

5. 金星

果重300g左右的红皮迷你南瓜，果皮橙红色，外观喜气漂亮，肉质强粉，口感佳。生长旺盛，株型中等，抗病性强，雌花连续发生性好，收获期长，产量高。

6. 日本橘瓜

日本橘瓜是上海惠和种业有限公司从日本引进的观赏、食用兼用型迷你南瓜新品种，表现为外形优美，观赏价值高，品质独特，果肉营养价值高，耐贮运，是高档酒店做南瓜盅的首选配料，深受消费者喜爱，特别是受到宾馆、酒店等高档餐饮业的青睐，同时该品种适应性强，栽培容易，销售价格高，效益好，同样受到菜农的欢迎。

特征特性：

该品种长势中等，抗热性强，栽培容易。茎蔓长2~2.5m，节间短，分枝中等，主、侧蔓均可结果；易形成雌花，雌花率高，连续结瓜能力强；单蔓可连续坐果3~4个，单株结实率高，果实扁圆形，单果重200~300g。皮色淡黄橙色，带橙色纵条纹，外观漂亮，极具观赏性，果实肉质致密。肉质粉质，有独特的甜味。播种后80~90d即可收获。授粉后30d即可采收上市，老熟瓜需要40~45d。储藏性极佳，常温下可保存2~3个月。

7. 皇冠迷你小南瓜

北京市农林科学院蔬菜研究中心选育的极早熟迷你南瓜品种。植株蔓生，长势强，第一雌花在7~9节，后每隔1~2节又连续出现雌花，单株可结瓜4~5个。开花至成熟30d左右，瓜形厚扁圆或扁圆，亮丽的浅黄色底带深橘黄色条纹，外观漂亮。单瓜平均重1.0kg，瓜肉厚约3.0cm，橘红色，口感甘甜细面，既可作为观赏植物种植，又可作为优质美味南瓜种植，是集观赏和食用价值于一体的优良品种。

8. 翡翠橘

（1）该品种长势旺盛，抗热性强，栽培容易。

（2）果实重200~300g，近橘子形。皮色乳白色，带翠绿色纵条纹。肉质粉质，有独特的甜味。

（3）雌花率高，单蔓可连续坐果3~4个。

（4）播种后80~90d即可收获。储藏性极佳，常温下可保存2~3个月，也可作装饰用。

八、优质小冬瓜

冬瓜为1年生草本植物，茎上有卷须，能爬蔓，叶子大，开黄花。果实球形或长圆柱形，表面有毛和白粉，是普通蔬菜。皮和种子可入药。瓜形状如枕，又叫枕瓜，生产于夏季。

冬瓜属葫芦科。原产我国南部及印度，我国南北各地均有栽培，现在东亚和南亚地区广泛地栽培。可以拿来煮汤，又可以炒食。主要供应季节为夏秋季。冬瓜喜温耐热，产量高，耐贮运，是夏秋的重要蔬菜品种之一。

冬瓜主要产于夏季，取名为冬瓜是因为瓜熟之际，表面上有一层白粉状的东西，就好像是冬天所结的白霜，也是这个原因，冬瓜又称白瓜。

冬瓜味甘淡，性微寒。含有蛋白、糖类、胡萝卜素、多种维生素、粗纤维和钙、磷、铁，且钾盐含量高，钠盐含量低。清热解毒、利水消痰、除烦止渴、祛湿解暑。用于心胸烦热、小便不利、肺痈咳喘、肝硬化腹水、高血压等。

种植冬瓜可以补充采摘园春、夏季节蔬菜的不足，丰富采摘园瓜类品种，冬瓜还是很好的景观作物，可以搭建廊道，美化环境。

1. 北京一串玲冬瓜

北京优秀早熟小冬瓜地方品种，主要分布于海淀区、丰台区。经过分离、提纯复壮，分出铃铛形、车头形等多个品系，保持了原来早熟、耐低温弱光、结果节位低、品质好的特点，适合早春保护地种植，要注意防治白粉病的危害。

特征特性：

早熟品种，生长势中等。叶片掌状， 节间较短，植株主蔓第4~6节开始每隔1~2节结1瓜，瓜码密，上小下大，呈铃铛状，故名一串铃。雌花连续出现。侧蔓也可结实，2~3节后出现雌花。嫩瓜绿色，瓜披白毛，老熟瓜面披有白粉。商品性状好，单瓜重1~2kg。瓜肉白色，厚3~4cm，纤维少，水分多，品质佳，常以嫩瓜供食。亩产量可达2000~3000kg。耐贮存，较耐寒，耐热性中等。抗病虫害能力强。播种100d即可收获。

栽培技术要点：

生长期90~120d，育苗期35~40d，从定植至开始收瓜40~55d。适宜于保护地及露地早熟栽培。

北京地区保护地栽培根据其结构类型和保温措施不同，确定不同的播种期，可以于11月上旬至翌年2月份播种育苗，1~3月份定植。3~5月份收获。露地早熟栽培于3月上旬育苗。4月下旬至5月上旬露地定植、覆膜，6月下旬至7月下旬采收。行距60~70cm，株距35~40cm，插单杆架或小三角架，单干整枝；15~18片叶摘心，每株结瓜1~2个。插架吊蔓，单干整枝或假单干整枝，应注意人工授粉或使用生长调节剂保果，5月份采收嫩瓜上市，每株可采3~4个瓜。每亩用种量150~200g。

2. 华枕冬瓜

华枕冬瓜是最新日本引进绿皮高产小型冬瓜新品种，该品种外观整齐、漂亮，小巧玲珑，比普通冬瓜耐热、耐寒，适应温度范围广，生长期长，抗白粉病、病毒病，植株雌性强，连续结瓜性强，在肥力充足的条件下每株最多可以结瓜几十个，产量高。适合一年一茬大棚栽培，更适合露地搭建大架、景观走廊、观光大道绿化美化景观栽培，是理想的景观品种。由于该品种适应性强、抗性强，栽培管理简单。

特征特性：

华枕冬瓜植株生长势强，生育期适温为25~30℃，温度18~20℃的环境能正常生长。温度低于15℃生长缓慢，开花结果急剧下降，温度低于5℃，遭受冻害，单果重以1000~1500g为收获目标，可在开花后25~30d收获，收获时的果实长度在16cm以内，直径在13cm以内，肉厚在4.5cm以内，肉质白色柔软。在开花45d前后，单果重达到2500g左右，此时果实基本停止肥大，果实整齐度好，果形的肩部、顶部呈圆柱形。果皮色为浓绿色，无白色蜡质粉层。

栽培技术要点：

大棚栽培：可促进生育期延长，产量更高。大棚地爬栽培正好处在低温期定植，所以要提前薄膜覆盖定植畦，使地温提高到18℃左右再定植。定植后注意保温——大棚内加小拱棚薄膜覆盖。

（1）定植行株距：畦幅5m、畦背幅1.2m、株距1m，定植株数200株/亩。

（2）整枝方法：主枝5~6叶时摘心，1株4蔓整枝，确定最终留下的4根生长蔓，向同一方向牵引。以后，各节位生长的侧枝及时剔除，雌、雄花不要剔除。子蔓伸长到1m左右时开始整蔓牵引，蔓与蔓间隔距离标准为50cm。冬瓜的长势，在瓜类作物中属最强，当蔓生长超过1m的时候开始牵引。开始坐果以后，低节位的果实肥大性不好，长势也比较弱，到20节左右，雌花群开始出现，花的着生是雌、雄异体的单性花，雌花和雄花分别连续着生，着生性好。雌花在开花的同时，雄花也会开花。

（3）授粉坐果：在定植后约30d、生长至15~20节位时可进行授粉坐果。以一蔓坐果2个，一株收获8果为目标，可以疏去部分果实，开花后7d左右，灌水促进果实膨大。

（4）收获：授粉后25d，果长20cm，果径13cm，果重1.5kg左右时就可进行采收。露地景观走廊栽培：北方定植期注意避开低温，通常安排在4月中下旬，定植后铺地膜保温保湿，株距1.5~2m，定植后注意培养主干，1.2m以下侧枝全部打掉，一个不留，1.2m以上选留2~3个，一起吊蔓上架。

3. 碧绿翡翠

广东省良种引进服务公司引进，优质冬瓜品种。

特征特性：

中熟品种，植株生长势强，耐热，耐寒，适应温度范围广，生长期长，抗白粉病、病毒病，秋播主蔓第一雌花节位在第17~20节，春播主蔓第一雌花节位在第20~25节。瓜棒形，浅绿色，长20cm可以采收，一般每个嫩瓜重350~550g，肉厚、致密，品质佳，30m以上的瓜品质仍保持原有的风味。瓜皮浅绿，肉质嫩绿，瓜腔极小，肉厚，致密，食味一流，适宜出口之高档品种，坐果性强，产量高，单株坐果多达20多条瓜，每亩产量4000kg左右。适合春、秋栽培，适合露地搭建大架、景观走廊、观光大道绿化美化景观栽培。定植株数300株/亩。

九、苦瓜

苦瓜属于葫芦科苦瓜属1年生蔓性植物，其果实表面具有奇特的棱瘤，果实含有苦瓜甙具有特殊的苦味而得名。苦瓜以嫩瓜和成熟果实供食用，作为蔬菜多食用柔嫩、清脆、苦味清香的嫩果果实。由于其营养价值和药用价值高，以及苦瓜栽培管理容易等诸多的特性，使得它既用作一般蔬菜栽培又用作观赏植物栽培，尤其是绿化美化庭院、园区、廊道、绿篱、景观造型等，兼食用性与观赏性兼顾，在观光农业中备受欢迎。苦瓜具有如下的特点，非常适合观光采摘种植。

（1）品种繁多：苦瓜在我国的南方栽培历史较长，种植品种繁多，各个地方都有自己的优质栽培地方品种和一些半野生观赏品种，如广东江门大顶、湖南株洲蓝山大白苦瓜、云南玉溪苦瓜等，近年来又大量地引进了不少国外的优良品种，以及国内育种单位选育的一大批品种，苦瓜的品种总量在百种以上，品种很多，供选择的余地很大。

（2）形态各异：苦瓜品种与品种之间形态差异较大，有纺锤形、短圆锥形、长纺锤形、圆筒形，外形长短、粗细不等，表面棱瘤有突出的刺状，有棱瘤状，有平滑瘤状等。

（3）颜色多种：苦瓜外表颜色，有的洁白如玉，有的白色微碧，有的宝石绿色，还有浅绿色、黄绿色、黑绿色等多种颜色。丰富多彩，多种多样，充分体现了苦瓜的观赏特性。

（4）营养、药用价值高：苦瓜营养丰富，其抗坏血酸含量在瓜类中突出，为黄瓜的14倍，冬瓜的5倍，番茄的7倍，每100g含蛋白质1.2g，脂肪0.1g，碳水化合物3g，钾343mg，钠1.8mg，磷36mg，胡萝卜素0.08mg，尼克酸0.8mg，硫铵素0.01mg，抗坏血酸125mg。此外，还含有粗纤维、苦瓜素、苦瓜甙等物质。苦瓜性寒味苦，入心脾胃清暑解热，明目解毒，苦瓜富含苦瓜甙、苦瓜素以及多种氨基酸。苦瓜含有一种与胰岛素结构相似的物质，具有胰岛素相似的功效，可以降低血糖而广受人们的关注！

（5）耐热、抗病性强，病虫害少：苦瓜是最耐热的蔬菜作物，在炎热的夏季可以忍耐40℃左右的高温，而其他的作物都不能正常地生存，所以苦瓜很适合夏季露地栽培，是高温蔬菜淡季合适的作物，也适合作庭院绿化、遮阳绿植栽培。苦瓜叶片中含有抗菌和抗虫的成分，如几丁酶等，使苦瓜病虫很少，不需要或很少需要药物防治，对环境污染少，是一种天然的绿色食品。

（6）生长期长，产量高：苦瓜在8~40℃的范围内都能正常地生长，如此宽泛的温度，使苦瓜的生长期超长，北方地区保护地3月份定植，5月份开始收获，一直可以收获到10月中下旬冻死秧苗为止，收获期可达5个月之久，它的收获期长，结果期长，产量高，每亩产量可达5000kg。

（一）绿苦瓜

1. 江门大顶苦瓜

为广东省江门市农家品种，以顶大肉厚、苦中带甘而闻名。植株蔓生，生长势和分枝力强，叶掌状5~7深裂。主蔓第8~14节着生第一朵雌花，此后每隔3~5叶节着生1雌花。瓜短圆锥形，长约20cm，肩宽11cm左右，外皮青绿色，瘤状突起较大，肉厚1.3cm左右，苦味淡，品质优。单瓜重300~600g。耐热，耐肥，适应性强，但不耐涝。春、夏、秋3季均可种植。每亩产量1500~2000kg，一般以春季栽培产量高。

广州地区春种多采用塑料薄膜、稻草覆盖育苗移栽，1月初至2月上旬播种，2月下旬定植，行距3.5~4m，株距30~40cm，5~6月份收获；夏种4月初至5月上旬育苗移栽，行距同春种，株距17~20cm，6~7月份收获；秋种7月初至8月上旬直播，行株距同夏种，8~10月份收获。搭1.5~2m高篱垣架栽培。

2. 玉溪苦瓜

为云南省地方品种。植株生长强健，分枝力强。前期主蔓结果，第一雌花着生于主蔓第8~12节，中、后期为主，侧蔓同时结果。果实纺锤形，长35~40cm，横径6~7cm，果绿白色。果表有瘤状突起，多而尖，宛如刺猬。果肉厚，味美。早熟，抗热性强，抗病性较差。我国南、北方均可种植，长江流域及以北地区可越夏栽培。每亩种植1000株，产量3000~3500kg。

3. 长秀

台湾农友种苗公司极早生，果皮青绿色，条状瘤分布均匀美观，果实尾部较圆，单果重约700g，果长约30cm，横径约5.5cm，果肉厚1.5cm，品质脆嫩，苦味中等。

4. 穗新1号苦瓜

由广州市农科所育成。植株攀缘生长，生长势强，分枝力中等，主侧蔓均能结瓜，雌花有连续着生的习性，主蔓第7~12叶节着生第一朵雌花。瓜长圆锥形，果肩较平，长16~25cm，肩宽5.5~6cm，外皮青绿色，有光泽，具有较粗大的纵条纹和相间瘤状突起，外形美观。单果重200~375g。肉厚，苦味中等，品质佳。早中熟。适应性强。适合于春、秋季栽培。每亩产量1500~2000kg。春季一般于1~3月份播种育苗，秋季栽培8月上旬播种育苗。

5. 穗新2号苦瓜

由广州市蔬菜研究所育成。植株蔓长约450cm，叶片长、宽均为19cm，叶色黄绿。主蔓第19节着生第一雌花。瓜圆筒形，皮淡绿色，有光泽，瓜面瘤状突起连成粗条状。果长18cm，果肩宽6.2cm，单瓜重约300g，肉厚1cm以上，甘苦味适中，肉质脆嫩，口感好。早熟，夏秋种植从播种至初收45~50d，第一雌花节位着生在主蔓第15~20叶节上，主、侧蔓均可结果，丰产性好，夏秋种植每亩产量为1100~2000kg。

穗新2号苦瓜适种地区为广东、广西和福建等地。广州地区4月底至8月下旬均可播种种植。在4月后播种可采用催芽直播，育苗移栽等方法，如育苗移栽，苗期不宜过长。种植时要注意轮作，施足基肥，并在幼苗移植前施1次追肥。

在植株高达40cm后要及时插架及引蔓，植株上架后，50cm以下的侧蔓要及时摘除，50cm以上视水肥情况适量摘除。注意对白粉病、炭疽病及瓜实蝇、瓜绢螟的防治，在老菜区还要注意螨类的危害。

6. 槟城苦瓜

是广东省从新加坡引进的优良品种。植株蔓生，生长势强，分枝多。主蔓第10节左右开始着生第一雌花，以后每隔3~5节着生雌花。果实30cm×8cm大小，果面有明显棱及瘤状突起，瓜皮绿色有油亮光泽。老熟时为黄色。瓜质地细实，微苦。植株抗逆性强，耐热。适应性也较强，适合全国栽培。一般每亩产量5000~7000kg。延长持续结瓜期，增加肥水供应，每亩产量可达10000kg以上。

7. 广西1号大肉苦瓜

由广西农业科学院蔬菜研究中心育成。从大肉苦瓜中选择变异株，系统选育而成。早中熟，耐湿、耐热，抗病性强，生长势旺盛，分枝力强，主、侧蔓均结果；果实长纺锤形，顶端较钝，果皮浅绿色，条纹粗直，果肉厚实，苦味适中，长28~35cm，横径10~12cm，肉厚1~1.5cm，单瓜重500~750g。味甘脆，微苦，品质好。利用冬暖棚室反季节保护地栽培，延长持续结瓜期，一般每亩产量8000~10000kg。若早春采用阳畦育苗，小拱棚内于3月份定植，5月份撤去小拱棚转入露地栽培，6月上旬至10月中旬供果，一般每亩产量4000~5000kg。秋播6~8月份育苗，株行距0.4~0.7m，生育期90~100d，每亩产量2500kg以上。

8. 东方青秀

由东方正大种子有限公司从泰国引进的品种。植株攀缘生长，生长势强，主、侧蔓均能结瓜。瓜长圆锥形，外皮翠绿色，果面平滑，呈肋条状突起，有光泽。长约30cm，直径约5.5cm，果肉厚约1.3cm，平均单果重300~500g。苦味适中，品质上乘，可生食、炒食。早熟。稍耐寒，结果率高。定植后50d即可收获。华北地区露地栽培，3月下旬播种育苗，4月下旬定植，行株距（50~55）cm×（30~35）cm；塑料大棚栽培，2月下旬播种，3月中下旬定植。

9. 鼎牌大麻子苦瓜

由湖南省常德市鼎牌种苗有限公司独家选育而成的一代杂种。表皮具有大而密的瘤状突起，瓜长50~60cm，最长达80cm，横径8~10cm，单瓜重1~2kg，籽少。从播种至初收约65d。耐热、耐肥，喜农家肥，喜湿忌涝。一般无病害。肉质细嫩柔软，微苦，有清香味。主蔓第8~12节生第一雌花，此后连续着生雌花，坐瓜多，时间长，丰产时每亩产量可达5000kg以上。

（二）白苦瓜

1. 月华苦瓜

又名白玉苦瓜，是我国台湾省农友种苗公司育成的杂交一代白皮苦瓜良种。植株强健，结果力强。熟性早。果实长约26cm，果径约8.5cm，果腰较丰满。单果重为600~700g，属大果型品种。果肉厚，品质优，果色洁白，遮光后皮色更为洁白娇艳，故有白玉苦瓜之称。结果多，产量高。商品性好，为市场上流行品种。该杂交一代良种适应范围广，全国各地均可栽培，也适宜于北方地区冬暖棚室保护地反季节栽培。但苦瓜耐肥不耐瘠薄，耐湿不耐干旱，故应选择肥水供应条件好的土壤栽培。

2. 月美苦瓜

由台湾农友种苗公司育成的苦瓜杂交一代洁白果良种。植株生长强健，早熟，结果力强，稳定高产。果实长椭圆形，果面呈瘤粒状突起，果色洁白亮丽。果长约30cm，果径约9cm，单果重700g左右，属大果型。果肉厚，质脆味佳，特别适宜作汤菜。其栽培技术要点参见月华苦瓜。

3. 中农大白苦瓜

由中国农业科学院蔬菜花卉研究所育成。植株攀缘生长势强，分枝多，结瓜多。瓜长棒形，长50~60cm，横径4.7~5.2cm，单瓜重350~550g。外皮淡绿白色，有不规则的棱和瘤状突起。果肉厚0.8~1.2cm，肉质脆嫩，味微苦，品质佳。耐热、抗病、耐肥，适应性强，适应范围广。宜于南方地区春夏露地栽培，也宜于北方地区春季栽培和冬暖塑料大棚保护地反季节栽培，是一个高产优质的品种。

（三）黑苦瓜

市场上卖得最多的苦瓜都是绿颜色、白色的，味道比较苦。而黑苦瓜颜色是墨绿色的，外形比绿苦瓜长，果肉更厚，瘤状突起鲜明发亮，光泽度极好，关键是这种苦瓜的苦味比普通苦瓜淡得多，果肉也比较厚，口感又十分清脆，而营养和清凉解暑的功效却丝毫不减，大大地迎合了那些既想吃苦瓜又怕苦的消费者。

1. 爱乐苦瓜

上海惠和种业推出的黑绿苦瓜品种，叶片中等，浓绿色，长势旺盛，连续坐果性强，产量高。果皮呈鲜艳的浓绿色，纵向刺显短小，刺的表面带钝圆角，采收上市不会扎手刺痛。果长30cm左右，果重300g左右。适合多种栽培方式，果实整齐度极好，果皮着色匀称，商品率极高。

2. 黑珍珠

中国台湾引进，抗病高产，适合全国大面积种植，这种苦瓜的苦味比普通苦瓜淡得多，果肉也比较厚，口感又十分清脆，而营养和清凉解暑的功效却丝毫不减。该品种极早生，生长强健，果色墨绿，果厚度适中，味甘甜适中，单果重0.6~1kg。大大地迎合了那些既想吃苦瓜又怕苦的消费者。每亩栽1000株，每亩产量5000kg以上。

3. 翠妃苦瓜

中国台湾农友种苗公司引进，皮色青黑，有黑苦瓜之称，植株生长势强健，中早生，抗病性强，结果力强，易栽培，单果重约0.6kg，果长约35cm、径约6cm，棱沟深，瘤粒特多，苦味中，肉厚，肉质脆嫩、清凉爽口，适生食、凉拌或沙拉用。每亩产量5000kg，种子千粒重：175.0g。

栽培技术要点：

（1）品种选择：选用优质、高产、抗病、抗虫、抗逆性强、适应性广、商品性好的苦瓜品种。

（2）种子处理：苦瓜种子种皮坚硬，因此要进行浸种催芽，其方法是：将种子晾晒后，放在60℃左右的温水中浸泡20min，不断搅拌，待水温降到30℃时，继续浸种12~15h，浸泡过程中适当搅拌；浸种搓洗后捞出，冲洗干净，放在35℃的高温条件下进行保湿催芽，催芽期间用和催芽温度相当的温水每6~8h冲洗一次，一般3d即可发芽。当80%的种子露白时，即可播种。

（3）培育壮苗

①育苗场地：育苗场地应与生产田隔离，用温室、阳畦、温床育苗。

②采用护根育苗：将催好芽的种子播到浇透水的营养钵、营养土方、纸钵的营养土上，一穴一种，种芽平放，每钵覆盖1.5~2cm厚的过筛药土，再覆盖地膜进行保湿，在28℃条件下进行护根育苗。

③加强苗期管理：子叶出土时，要及时揭开地膜。秧苗出土后，即可采用降温降湿措施，以防徒长。若发现“戴帽”苗可以再覆盖1.0cm左右的细沙土；如床上太湿可撒些干土或细炉灰吸湿，温度控制在25℃左右。为促进花芽分化和雌花形成可缩短光照时间（12h以下）和降低苗床温度（15℃以下）。在定植前1周应进行低温炼苗，但应防止“闪苗”，以提高苗子的抗逆性，缩短缓苗期。

④壮苗标准：苗龄在35d左右；株高20cm；幼茎的横茎粗0.8cm左右，4~5片真叶，叶色浓绿，无病虫害和机械损伤，根系发达，整株秧苗坚韧有弹性。

（4）适时定植

①定植期：苦瓜喜温耐热，种子发芽适温在30~50℃，幼苗生长适

温24℃左右，开花结果期适温在28℃左右。气温高于30℃和低于15℃时，对苦瓜的生长和结果都不利。苦瓜是短日照作物，喜光而不耐阴，因而定植期必须选择在温暖时期或创造出温暖的环境。露地生产，必须在终霜期后，地温稳定在15℃，气温25℃左右定植。如果在大棚、温室内定植，必须掌握在10cm处的地温稳定在15℃，气温20℃左右。

②定植前准备

a.整地施肥：每亩施充分腐熟的圈肥5000kg、磷酸二铵5kg、硫酸钾30kg，深翻2遍，整平作高畦，一般畦高5~20cm，畦宽0.6m。在大棚（温室）内生产，畦上应覆地膜，膜下留水沟，以备进行膜下暗灌，以减少棚内湿度，从而减少病虫害。

b.棚室消毒：土壤深翻后扣棚，在夏季休闲期，可在灌水后进行高温消毒。

③定植：定植前1周进行低温炼苗。定植前1d浇足底水，并喷施一次百菌清或多菌灵药液，挖苗时尽可能保持土坨完整，以防伤根。在冬春季大棚（温室）内定植必须选阴尾晴头的中午进行。在夏天或气温高时，应选择阴天或下午定植。定植采用每畦双行的方法，行距80cm，株距60cm。一般露地栽培的密度为每亩200~300株，棚内栽植密度1500株。采用水稳苗（暗水法）定植，栽植深度应稍露土坨，栽植时浇足水；一般缓苗前不需再浇水。

（5）田间管理

①缓苗前后的管理。定植后，采用开孔掏苗的方法覆地膜，以利于提高地温。气温保持在28℃，一般5~8d后可见到心叶见长，而且出现新根，则证明缓苗成功。这时应适当降温，并适当放风降温。未覆地膜的，则要通过锄耪松土，降湿蹲苗。缓苗后，温度白天控制在23~28℃，夜间13~18℃；最低不可低于12℃；土壤湿度经常保持在80%~85%，空气湿度保持在夜间90%左右，白天70%左右，并尽可能增加光照强度和延长光照时间。此期，植株生长缓慢，株体小，需肥少，在施足基肥的基础上，一般不缺肥，所以不需要追肥，但是可以根据植株长势喷施。当植株主蔓长40~50cm时，就开始整枝吊蔓。其方法是顺行向设置吊蔓铁丝（14#铁丝），并将其两头拉紧，套拴于大棚的东西向拉紧的吊蔓铁丝（8#铁丝），然后在顺行的吊蔓铁丝上，每一植株拴上一根下垂的尼龙绳作吊蔓绳。在吊蔓时要把1m以下的侧蔓全部拿去，以集中养分促进主蔓生长粗壮和叶片肥大。摘除侧蔓时最好选择在晴天的中午前后进行。苦瓜的茎节上易发生不定根，可在第一次吊蔓之前压蔓，以促发不定根，扩大根系吸收面积，压蔓的方法是在每一植株的南侧用刀片在地膜上割一条15cm长的“一”字形口，用小铲将口内土壤铲2~3cm深，将苦瓜主蔓下部15cm一段埋在膜下土壤中（只埋压茎蔓，叶片梗露在地膜上面），并尽可能把膜口封好。

②陆续结瓜前半期的管理

a.光照和温度调节：强光和较长的日照，有利于促进苦瓜结瓜期的茎叶旺盛生长和幼瓜加快膨大，但冬暖大棚苦瓜陆续结瓜的前半期，正处在光照时间较短、光照强度较弱的寒冬季节，因此，争取光照时间、增加光照强度、增温和保温是这一时期管理的重点。一般棚温保持在白天18~25℃，夜间12~18℃，当棚内气温高于28℃时，即可开天窗放风降温。这段时期冬暖大棚光照、温度管理措施主要是：早揭晚盖草苫，争取延长光照时间；及时扫除棚膜上的染尘和草屑，保持膜面清洁透光良好；阴雪天仍然白天要揭草苫；棚内后墙上张挂镀铝聚酯反光幕；依据苦瓜耐低温性能差而耐湿性能强的特点，在冬季管理上减少放风排湿时间和放风量，以加强保温。

b.水肥供应：从采收期开始，结合浇水追肥；随着植株生长量逐渐加大，浇水间隔时间由15d左右逐渐缩短为10d；每次每亩冲施氮、磷、钾复合肥25kg，共计6次。

c.整枝落蔓：当苦瓜的主蔓攀缘尼龙绳往上生长到接近本行的吊蔓铁丝时，就应落蔓。落蔓时先将主蔓叶腋间发出的侧枝和下部老叶、黄叶剪除，并带出棚外。对于顶部受损的植株，可选留一条发达的侧蔓代替主蔓。落蔓时要本着“上齐下不齐”的原则，使各行各株的主蔓顶端同处在行北头略高、南头略低的同一坡面上；绑吊在尼龙绳上的主蔓要弯曲呈“S”形；落下不吊的老蔓部分，要盘落在本植株基部小行间地膜上。落蔓后，一般主蔓顶部离上边的同行吊蔓铁丝0.5~1m。

d.人工授粉：造成苦瓜间歇性结瓜的症状是落花和化瓜。落花的主要原因是未授粉或授粉不良，因此，必须坚持在开花结瓜期内每天7~8时进行人工授粉，方法是摘取当日清晨开放的雄花，去掉花冠，将雄蕊散出的花粉涂抹在雌蕊的柱头上。

③陆续结瓜后半期的管理

a.加强肥水供应：陆续结瓜后半期植株生长量进一步增大，瓜条膨大速度加快、蒸腾作用增强，所以耗水耗肥量也增大。故此要加强肥水供应。一般每8d浇1次水；随水每次每亩冲施钾宝10kg，一般3次即可。

b.温度、光照管理：苦瓜结瓜期所需要的适宜温度并非绝对的，而是随着光照强度增大而日照时间延长，所需要的适宜温度也有所改变。对于棚室保护地生产的，此期温度的管理不是以增温、保温为主，而是以通风、调温为主。在正常天气情况下，使大棚昼夜通风，温度白天在18~28℃，夜间14~18℃。

（6）适时采收：当苦瓜的果实充分长大、瓜肩瘤状物突起增大、瘤沟变浅、瓜尖干滑、皮层鲜绿或呈乳白色并有光泽时，即可采收嫩果，根瓜可适当早摘，以防引起化瓜。采收过程中所用工具要清洁、卫生、无污染。

十、萝卜

（一）白萝卜

1. 白泷

日本泷井公司最新育成的纯白色萝卜杂交新品种，高品质纯白萝卜，花叶耐寒，耐抽薹，适播期长，口感非常优秀，富有萝卜味道。

特征特性:

耐寒性强，抽薹晚。栽培容易，适期播种55d可采收。根长约30cm，根重约1.5kg。根形美观，表皮光滑，肉质细密洁白。口感好，商品性佳，耐贮运。适合鲜食和加工，可春、秋、冬季播种。田间搁置期长，宜密植。可根据种植密度不同采收不同规格的产品。

2. 泷井交配TI-082

日本泷井公司最新育成的纯白色萝卜杂交新品种，适合春季播种表皮光滑，皮色雪白，根形顺直，收尾好。播种后55d可以收获，根长38cm，根径8.0cm，根重800g，适合春、秋季播种的白萝卜。

3. 夏美

日本泷井公司最新育成的纯白色板叶萝卜杂交新品种，耐热性强，肉质细密，品质好。适合夏、秋播种，糠心晚，播种50d。根长约35cm，根径6cm，根重约700g。

4. 夏秋玉

日本泷井公司最新育成的纯白色花叶萝卜杂交新品种，适合夏、秋季播种，耐热性好，抗病性佳，膨大快，表皮洁白，适期播种后50~55d可采收，“收尾”漂亮，高品率高，叶片直立，应适当密植。

（二）心里美萝卜

为国内最著名的水果萝卜品种，北京地方品种，其皮薄、肉脆、汁多，维生素C、核黄素、铁的含量比梨还高。清代时期成为皇宫的贡品，曾深受慈禧太后的喜爱，是国内色、香、味、营养俱佳的水果萝卜。

心里美萝卜生长时有1/2以上露出地面，所以上部呈现淡绿色，下部为白色。肉为鲜艳的红色，艳丽如花，惹人喜爱，其品质超群，圆滚滚的心里美萝卜，沾刀就炸，咬上一口甜丝丝、嘎嘣脆，是留在老北京人记忆深处的美好回忆，历史上大兴西红门、海淀四季青产的心里美，口感脆甜赛过鸭梨，五六十年前，在全国都是名声响当当的。

心里美萝卜有草白瓤、血红瓤之分，叶形有花叶、板叶之分。目前种植最多的还是板叶心里美萝卜。

1. 花叶心里美萝卜

瓤色淡（粉红）的心里美萝卜品种，叶丛半直立，叶绿色，肉质根短圆柱形，1/2露出地面，皮绿色，入土部分白色，生长期80~90d，肉脆、水分大、辣味淡、口甜，品质很好。收获后可以直接鲜食，平均单果重500~600g，不耐贮藏，产量比板叶的低，抗病性比板叶的差，适合露地、保护地栽培。

2. 板叶心里美萝卜

瓤色血红的心里美萝卜品种，叶丛半直立，叶绿色，肉质根短圆柱形，1/2露出地面，皮绿色，入土部分白色，生长期80~90d，肉质偏紧，口感较花叶品种哏，耐贮运，平均单果500~600g，通常收获后要通过一段时间的窖藏才好吃，抗病性强，产量高。

栽培技术要点：

（1）地块选择：选择土层深厚、疏松、肥沃，灌水和排水均通畅的沙壤土或壤土的地块，并且上一年与前茬均不是种植萝卜类和十字花科蔬菜的地块。

（2）清洁田园：在前茬收获后及时将残株、烂叶和杂草（包括地块四周的杂草）清理干净，运出地外集中进行高温堆肥或臭氧消毒等无害化处理。

（3）施足有机肥：每亩基肥施用充分腐熟、细碎的优质有机肥4000kg或商品有机肥2000kg以上，“满园春”微生物菌肥5kg，与有机肥掺匀后施用。有机肥2/3在耕地前撒施，其余1/3在作畦时施入，使萝卜幼苗期能及时得到养分供应。

（4）适期播种：京郊平原地区地块在8月5~8日播种，延庆、密云、怀柔等山区地块在8月1日播种。

（5）整地作畦：采用单垄小高畦栽培方式，将土壤耕翻整平后，按50~55cm的间距作畦，畦面宽30cm左右，畦沟宽20cm左右，畦面高出地面20cm左右。

（6）播种：采用开穴或开沟点种的播种方式，在畦面上每畦播种1行，株距18~20cm，每亩种植密度6000株左右。每穴点2粒种子，覆土厚度1~1.5cm，每亩用种量100g左右。

（7）田间管理

①中耕除草：心里美萝卜幼苗期正是高温多雨季节，需要多次进行中耕除草。中耕要掌握“先深后浅”、“先近后远”的原则，直至封垄后停止中耕。切忌伤及主根，以减少萝卜分叉现象。除草不但要清除畦内杂草，周边也要全部除掉，并且将除掉的杂草远离萝卜地，这样可减少蟋蟀、蚂蚱等害虫对幼苗的危害。

②间苗定苗：当幼苗具一片真叶时，要及时间苗去除多余的小苗，防止小苗相互拥挤造成徒长。当植株长至4~5片真叶时可定苗，株距18~20cm。间苗和定苗宜在晴天时进行。

③科学浇水：萝卜在不同生长期对土壤水分的要求是不同的。

a.播种后要防止土壤干燥和板结，创造良好的发芽环境和促进幼苗出土，及时顺沟浇小水来降低地温促进生长，预防病毒病的发生。

b.出苗70%后再浇一水，确保苗齐苗壮。

c.出苗后至幼苗期结束（5~6片真叶）需15~20d，可根据土壤墒情确定是否浇水，如土壤含水量不低于65%就不要再进行浇水，如在60%以下就要及时补充水分。

d.进入叶片生长盛期，叶面积迅速扩大，同化产物增多，根系吸收水分也增加，但要对水量进行控制，不能过大，并在浇后结合除草进行中耕，防止植株地上部生长过旺。

e.肉质根膨大期是肉质根生长最快时期，地上部分生长逐渐缓慢，地下部营养积累加速，因此，这一时期水分不能缺，要保持土壤含水量在70%~80%。

f.采收前7d要停止浇水，以防根部产生纵裂。

④追肥：若基肥施用数量充足，可不需追肥；若数量不足，可在肉质根“破肚”时和膨大中期各追肥一次。每次随水追施有机冲施肥5~8kg，有条件的地块可在浇水前顺垄施草木灰100kg。在中后期叶面喷施0.3%浓度的磷酸二氢钾2~3次。

（8）适期采收：心里美萝卜在播种后75~80d就可收获，收获期在10月下旬开始，外界气温低于0℃前一定要收完。要及时采收，防止受冻害。贮藏前挖好窖，窖以东西向为宜，宽度1.2~1.5m，深度1~1.5m，长度根据储存量而定。11月中下旬开始入窖，头朝下、根朝上逐个来码放，每层萝卜上一层潮土。最上层根据外界温度来逐层盖土，一般厚度30cm左右，再在上面盖2~3层草帘或秸秆，贮存适宜温度1~3℃，防治受冻。贮藏供应期从11月份到翌年4月份。

（9）虫害防治

①甘蓝夜蛾等鳞翅目害虫：在夜间或清晨露水未干时用生物农药百草一号1000倍液或25%灭幼脲悬浮剂600倍液喷雾防治。

②萝卜蚜：可用清源保、百草一号、印楝素、护卫鸟等生物药剂1000~300倍液进行防治。

十一、鲜食胡萝卜

1. 贝卡

从美国引进，极早熟鲜食用水果型胡萝卜，叶片小，植株较矮小，开展度小，生长势较弱，生长速度快，在条件适宜的情况下，55~70d成熟，胡萝卜长度16~20cm，颜色橘红色，外观光滑，修长，似铅笔，又称为“铅笔胡萝卜”，口感脆爽，甜味足，营养价值高，胡萝卜素含量远高于普通胡萝卜，食用方便，深受白领、学生等追求高品质生活人士的喜爱，适合加工包装后销售。

栽培技术要点：

贝卡胡萝卜栽培管理简单，选择沙性土种植，多施有机肥，土壤疏松最适合生长。合理密植可以增加产量。

2. 安妮

引自意大利，极早熟品种，鲜食用水果胡萝卜。圆柱形，修长，颜色深橘黄色，果形亮丽美观。果形长度在16~20cm，叶片短小，食用方便。播种后86d成熟，适宜早熟栽培或微型胡萝卜使用，本品营养价值高于普通胡萝卜。适宜鲜食（冷拼、配色、造型）的稀特品种。

3. 美丽

荷兰bejo公司特别为迷你胡萝卜市场选育的鲜食胡萝卜品种，早熟，生育期84d，叶片较短，橙红色，表面光滑，肉质很短小，圆柱形，抗病性强。

4. 红圣4号

优质中熟高产品种，播种后110~120d成熟，叶片直立，叶片长势强健，根型较长，表皮光滑，外观漂亮，平均根长20~22cm，整齐度一致，根表皮和心部的颜色深，裂根少。清洗后，商品性突出皮部和心部的颜色更深。品质品相好，肉质甘甜，适合鲜食采摘。

5. 鞭杆红胡萝卜

优秀的老北京地方品种，中晚熟，生长期90~100d，皮肉均为深红色，根长30cm左右，圆锥形，肉质根完全在地下生长，表面光滑，味甜，药味少，品质优，胡萝卜味道浓郁，但采收较难。秋季陆地种植，耐储存。适合鲜食、拌菜等。

6. 紫维

荷兰bejo公司选育，中熟，播种到收获期110d。圆锥肉根，外表皮紫黑色，心柱橘黄，含糖量达到10.1%，甜爽可口，生食、烹制均可，可以用作为果汁或料理材料，也可用于提取色素。夏秋高温季节，苗期注意降温、保湿，及时防治苗期病害。科学合理施肥，用药。

7. 艳紫

荷兰bejo公司选育，晚熟品种，胡萝卜紫黑色，心柱紫色，偶见黄色，生育期播种后135d。口感美味，适合鲜食，可以用作为果汁或料理材料，也可以用于提取色素。

栽培技术要点：

（1）选择疏松肥沃、富含有机质的土壤种植效果最好，田间要求排水方便，阴雨天不积水。

（2）播种时间，从早春到7月份均可以，浅播，表土压紧实，撒散土于地表，预防土表龟裂，保持土表湿润，对于出苗很重要。1~3周即可出苗。

（3）苗后，严防杂草滋生，并将裸露的根茎用细土覆盖，防止绿化。铜杀菌剂可以作为一种预防性措施或控制作业，能有效预防各种病害。加强幼苗期胡萝卜病虫害防治。一般来说，当果皮表面出紫色时候可以采挖，但是最好的是等待紫黑色出现时采挖，口味更好，一般来说，最好的收获期持续约3周（阴凉秋天天气）。

8. 黄石

荷兰bejo公司选育的金黄色胡萝卜品种，外观漂亮的金黄色，内心黄色，色泽鲜艳，肉质甘甜，适合生食。晚熟，播种到成熟139d，外表黄色。

十二、大白菜

大白菜又叫结球白菜、中国大白菜，十字花科芸薹属2年生蔬菜，栽培历史悠久，是我国劳动人民长期培育的著名蔬菜，北方各地保留有优秀的地方品种，被誉为最好吃的叶菜，它品质好，营养丰富，病虫害少，绿色安全，管理简单，省人工，产量高，生产成本低，耐贮运，品种多，供应期长，适合观光采摘园成片种植，成片种植的各个品种白菜，既可以形成比较整齐、壮观的菜田景观，远看翠绿一片，很有观赏价值，也可以满足游人采摘的需求，是秋季采摘园优先选择种植的叶菜类。种植的重点是品种选择，一要选择优质的品种，如玉田包尖、天津青麻叶类，突出品质，不选择市场上大量种植的抗病、高产的大白菜品种；二要选择不同成熟期的品种，熟性从60~100d不等，安排陆续上市，便于游人采摘。

大白菜的营养价值：

（1）大白菜含有丰富的维生素C，具有很强的抗氧化性，能够阻止致癌物质的生成和抑制癌细胞的繁殖。

（2）白菜具有清热解毒、清肺化痰、止咳平喘之效。实验证明，85%的感冒患者每天饮用500mL的白菜汁，1h内症状明显减轻。

（3）大白菜含有丰富的微量元素锌，它决定着皮肤的光滑和弹性程度，多吃不仅能排毒养颜，祛除痤疮，长期服用还能使人皮肤嫩白靓丽。

（4）大白菜能起到醒酒快、保护肝脏之功效。

（5）大白菜富含维生素U，对于治疗胃溃疡有明显疗效。

（6）大白菜含有丰富的维生素C和膳食纤维，对于降低胆固醇、提高血管弹性、保护心血管起着重要作用。

（7）大白菜中锌的含量居果蔬之首，甚至高于肉类。锌是青少年性成熟的重要元素，也是保证成年人肾功能健康的重要元素。头发枯黄、脱发大多由肾功能衰弱引起。

（8）每天饭后服300mL白菜汁，还能缓解痛风并有效防治高血压、高血脂、高胆固醇，能让虚胖者减肥不反弹。

小提示：强筋壮骨大白菜的钙、磷比例量接近母乳，一杯大白菜汁中的含钙量等于一杯牛奶的含钙量，而且更容易吸收。并且大白菜是果蔬中含锌的冠军，锌能促进人体对钙的吸收，减少钙的排除。

1. 玉田包尖白菜

玉田包尖白菜是玉田县传统特色名产蔬菜，种植历史长达百余年。因其叶球直筒拧抱紧实，顶部稍尖，菜体呈圆锥状，故得名“玉田包尖”。玉田包尖白菜具有耐贮藏、不易抽薹、高品质特点。做馅，清鲜宜人；溜炒，不乱汤；菜心生食，甜脆鲜嫩，清心爽口，有去油腻、解酒醉之功能。

历史上河北、北京地区一直都有种植，但因其生长期长，抗病性差，逐步被杂交、高产、抗病的白菜品种替代，河北、北京地区种植很少，仅仅保留在玉田本地一小部分村庄，近年来当地开始恢复种植，并出口中国香港、新加坡等地，深受欢迎，使其以上乘的品质和独特的品味成为白菜中的风味佳品，闻名国内外，享有“玉菜”之美誉。

玉田二包尖：河北玉田县优质大白菜农家品种，生长期100d左右，叶色深绿、叶脉细密、叶球直筒拧抱，顶部稍尖、叶球紧实、单株净菜重3~4kg，每亩产量8000~10000kg。该产品具有帮薄、味甜、品质超好，纤维少，下锅烂、水分含量少、耐贮运、不抽薹等特点，是公认的最好吃的大白菜之一，适合生食、炒食、馅食、配菜俱佳。

栽培技术要点：

（1）提前播种：由于玉田二包尖生长期长，北京地区要求比普通大白菜早播种1周，播种期安排在8月1~2日，以保证充足的生长时间，确保包球紧实。

（2）注意防病：玉田二包尖抗病性比普通杂交白菜弱，生产中各个时期要注意及时防治各种病虫害。

2. 青麻叶大白菜

青麻叶大白菜也叫青麻叶核桃纹，是原产于津、冀沿海地区的一个大白菜类型，是经过当地菜农几百年栽培选择形成的优秀地方品种。由于地处海洋性和大陆性气候交叉地带，气候多变，土壤盐碱度偏高，因此，在此条件下育成的品种从外观上看，青麻叶大白菜叶面皱缩呈核桃纹状、扩大了光合面积；叶色浓绿，叶绿素含量高，提高了光合效率。球帮呈翡翠色且帮薄，叶球美观，商品性好，品质优良，居全国之冠，誉为“天津绿”。并且极耐贮存，长期以来，成为华北地区冬季的主菜。它是适应当地气候地质特点的大白菜变异品种，通过直筒形状的包心，减少了包心的厚度、密度，减少了干烧心病对大白菜生长的危害，让这种白菜不至于因干烧心病而影响生长和品质。

该品种植株直立、包心紧、叶球呈长圆筒形，顶部稍尖，微开，球叶拧抱，叶色深绿，叶面皱缩，呈核桃纹状。叶片长倒卵形，深绿色，叶缘锯齿状，并有波状折叠。中肋浅绿色，较长，宽而薄，叶柄薄，帮薄、纤维少、叶肉柔嫩。株高50~80cm、开展度50~70cm、单株重2.5~5kg。叶肉柔嫩，烹调易烂，被称为“开锅烂”。味道鲜美清淡，可炒、炖、煮做菜，并可做馅料、汤料，还可以加工成泡菜、酸菜、冬菜。心部嫩叶可生拌，爆腌。而且抗病、高产、耐运、耐贮，是当地居民过冬的主要蔬菜贮藏品种。

3. 京翠70号

京翠70号为中熟青麻叶类型，是北京市农林科学院蔬菜研究中心利用游离小孢子、培养、结合苗期人工接种抗病性鉴定技术育成的一代杂种。该品种成熟期70d，株形直立，外叶深绿色，叶面皱，绿帮；叶球长筒形，高44cm，直径14cm，内叶浅黄色，舒心；单球重3.0kg左右，每亩净菜产量5000kg左右，软叶率50%，净菜率76%；抗病毒病、霜霉病和黑腐病，适合北京、天津、河北、内蒙古、辽宁、吉林、云南、贵州等地种植。该品种植株直立、包心紧、叶球呈长圆筒形，顶部稍尖，微开，球叶拧抱，叶色深绿，叶面皱缩，呈核桃纹状。叶片长倒卵形，深绿色，叶缘锯齿状，并有波状折叠。中肋浅绿色，较长，宽而薄，叶柄薄，帮薄、纤维少、叶肉柔嫩。株高50~80cm，开展度50~70cm，单株重2.5~5kg。叶肉柔嫩，烹调易烂，被称为“开锅烂”。味道鲜美清淡，可炒、炖、煮做菜，并可做馅料、汤料，还可以加工成泡菜、酸菜、冬菜。心部嫩叶可生拌，爆腌。而且抗病、高产、耐运、耐贮，是当地居民过冬的主要蔬菜贮藏品种。

4.“迷你”白菜——“贝蒂”

“迷你”白菜是大白菜家族中的一个新的品种类型。有别于传统的大白菜和“微型白菜”（娃娃菜），目前，普通秋播大白菜品种株型普遍偏大，一般单株重在5kg左右，不利于市民购买、搬运和贮存，也不利于观光采摘。另外，由于普通大白菜品种生长期偏长，其适宜播种期为8月上旬，而此时正值高温多雨季节，不利于整地播种，且容易感染病毒病、软腐病、霜霉病等病害。与普通大白菜相比，“迷你”白菜具有以下特点：①株型小巧，单株净菜重1kg左右，方便采摘，购买、携带。②成熟期早，可以推迟播种，避开高温多雨季节，有利于整地施肥等操作，可减轻病害的发生，成熟期早，上市早，可以丰富采摘园叶菜品种。③品质好，心叶淡黄色，口感柔嫩，风味浓，适合游人采摘。“迷你”白菜一般每亩净菜产量7000kg左右。

特征特性：

该植株长势强健，全生育期65d，株高30cm左右，植株开展度35cm，外叶绿色，叶球合抱，筒形，内叶黄色，叶球长20cm，直径12cm，单株净菜1kg左右，口感品质好，抗病性强，耐抽薹，适应性好。

“迷你”白菜栽培技术要点：

（1）选用优良品种：采用“贝蒂”品种。

（2）清洁田园：选择上一年与前茬均不是种植白菜类和十字花科蔬菜的地块，在前茬收获后及时将残株、烂叶和杂草清理干净，运至地外集中进行高温堆肥等无害化处理。

（3）施足有机肥：每亩底肥施用充分腐熟细碎的有机肥4000kg或商品有机肥2000kg，其中2/3在耕地前施入，其余1/3在作畦时施入，使植株幼苗期能及时得到养分供应。

（4）适期播种：在8月15~23日直接播种，黏土和壤土采用小高畦栽培方式，沙壤土采用平畦方式。将土壤耕翻整平后，按60~70cm的间距作畦，每畦种2行，平均行距30~35cm，株距20~25cm，每亩种植7000~8000株。采用开穴或开沟点种的播种方式，覆土厚度0.5~1cm，每亩用种量100g左右。

（5）田间管理

①保持土壤水分：发芽期和幼苗期，播种后要防止土壤干燥和板结，创造良好的发芽环境和促进幼苗出土，及时顺沟浇小水降低地温，促进生长，预防病毒病的发生。

②中耕松土：苗期中耕松土2~3次，以疏松地表、防止土壤板结，尤其是定苗后，深度5~6cm，结合控水蹲苗10d左右，以促进根系生长。未封垄前仍要中耕除草，但宜在晴天叶片较软时进行，以免损伤叶片。要掌握“深锄沟、浅锄背”的原则。

③间苗、补苗：幼苗长成拉“十”字时及时间苗，拔除弱小拥挤的幼苗，并及早补齐缺苗断垄，在6~8片叶时定苗。间苗和定苗宜在晴天时进行，补苗宜在傍晚进行。栽后及时浇水，以促进缓苗。

④结球期管理：结球期是重量增加最快的时期，吸水肥量最大，结合需肥特点，氮、磷、钾肥应配合施用，可在蹲苗结束后每亩穴施或沟施充分腐熟有机肥500kg，有条件的每亩施用麻渣或豆饼100kg效果更好。也可在结球初期和中期每亩随水追施含量50%的三元冲施肥10kg。经常保持土壤湿润状态，一般每隔5~7d浇水一次，要求水量均匀，防止大水漫灌。在收获前7~10d停止灌水。

（6）病虫害防治

①甘蓝夜蛾等鳞翅目害虫：在夜间或清晨露水未干时，用生物农药百草1号1000倍液或25%灭幼脲悬浮剂600倍液喷雾防治。

②霜霉病：9月份是发生高峰期，要适量浇水，不要一次浇水过多；发生初期，喷洒生物农药2%武夷菌素500倍液或72.2%普力克水剂600倍液防治。

5. 日本东津70笋白菜

特征特性及栽培技术要点：

一代交配青麻叶类型白菜品种。早熟、耐病，株形直立，可适当密植。栽培容易，播种后70d左右可达1.5~2kg，菜形炮弹状。适播期为7~9月份，提早播种容易发生抽薹。请初次使用该品种的用户先试种后再大面积推广种植。该品种适于储藏和运输、腌制和煮食，品质极佳。

6. GL黄心早45白菜

特征特性及栽培技术要点：

抗病、极早熟的黄心春季结球大白菜。定植后约45d可以采收，球重1.5kg左右。植株直立，可以密植。外叶浓绿，内叶嫩黄，叠抱结球紧实，商品性特佳。适宜春大棚、露地及高山地区夏、秋季栽培。育苗温度：13℃以上，株行距：35cm×45cm。

7. GL黄心早50白菜

特征特性及栽培技术要点：

抗病、极早熟的黄心春季结球大白菜。定植后约45d可采收，球重1.5kg左右；株形直立，可以密植；外叶浓绿，内叶嫩黄，叠抱结球紧实，商品性特佳；适宜春大棚、露地及高山地区夏、秋季栽培。育苗温度13℃以上，株行距：35cm×45cm。

十三、水果苤蓝（球茎甘蓝）

苤蓝又名球茎甘蓝，俗名擘蓝、玉蔓青。十字花科，芸薹属，1、2年生草本植物。其食用部分为肉质球茎，质脆嫩，可鲜食及腌制。苤蓝是甘蓝中能形成肉质茎的一个变种，与结球甘蓝相比，其食用部位不同。一般的苤蓝带苦涩味，木质化高纤维多，导致口感差、商品性差。

水果苤蓝与普通苤蓝的风味迥然不同，水果型苤蓝是从欧洲引进的优质苤蓝新品种，以膨大的肉质球茎和嫩叶为食用部位。与普通苤蓝相比，水果苤蓝的品质更好，其球茎脆嫩清香爽口，营养丰富，据营养学家分析，每500g苤蓝中含蛋白质5.9g，糖11g，粗纤维4.1g，灰分3.3g，钙81mg，磷122mg，铁1.1mg，胡萝卜素微量，硫铵素0.19mg，核黄素0.07mg，尼克酸1.5mg，维生素C152mg。嫩叶营养丰富，含钙量很高，并具有消食积、去痰的保健功能，适宜凉拌、鲜食、炒食和做汤等。在装箱礼品菜和超市销售很受欢迎。其生育期短，病害少，种植容易。

水果型苤蓝的品质和普通苤蓝有显著的差别，目前以下品种表现很好。

1. 利浦、利波

瑞克斯旺公司推出的球茎扁圆形，表皮浅黄绿色，叶片浅绿色，株形上倾，适宜密植，单球重500g左右，口感脆嫩，品质极佳，抗病性强，定植后60d左右采收。

2. 泷井交配水果苤蓝TI-084

日本泷井株式会社生产的、耐抽薹的、极早熟水果苤蓝TI-084品种。定植后35~40d可收获，球茎扁圆，浅绿色，单球重约600g。表皮非常光滑。糖心晚，口感脆甜，品质非常好。叶片少，叶痕浅，株形紧凑，适合密植。是栽培容易的特色功能性蔬菜品种。

3. 孔玛

荷兰bejo公司推出的早熟水果苤蓝，叶片深绿色，株形上倾，适宜密植，球茎扁圆形，表皮浅黄绿色，单球重500g左右，口感脆嫩，品质极佳，抗病性强，定植后60~70d采收。适合冷凉气候，遇高温容易裂球。

4. 克沙克

荷兰bejo公司推出的荷兰巨型水果苤蓝，晚熟，抗性强，特高产。球茎光滑，可以长到足球大小，是大型品种。不易糠心，不易木质化，可长期贮藏。可以鲜食，也可以加工榨菜、泡菜。不易裂球，成熟期130d。

5. 紫苤蓝——克利普利

荷兰bejo公司推出的中熟、红色品种。球茎扁球形，缨短，外皮红色，肉色白色，品质好，病害轻，无筋，不易木质化，生长势强，成熟迅速，种植后60d可采收。每亩用种8000粒左右（约25g）。可长期贮藏。

水果苤蓝栽培技术要点

（1）对环境的要求：喜温和、湿润的气候条件，球茎生长适宜温度白天18~22℃，夜间10℃左右，球茎膨大期如遇30℃以上的高温，肉质易纤维化；光照充足时，生长健壮，产量高，品质好；喜湿润的土壤和空气条件，球茎膨大期若水分不足会降低品质和产量；最适宜在疏松、肥沃、通气性良好的壤土种植，需氮、磷、钾和微量元素配合使用。

（2）种植季节：适宜在春、秋季露地和春、秋、冬季保护地种植，具体时间如下：

茬次	播种育苗时间	定植时间	采收期
1．春保护地	12月至翌年1月份	2~3月份	4~5月份
2．春露地	2~3月份	3~4月份	5~6月份
3．秋露地	7月上中旬	8月上中旬	9月底至10月底
4．秋冬保护地	9月上旬	10月上旬	12月至翌年1月份

（3）播种育苗：采用72穴或128穴的穴盘育苗，以草炭和蛭石为基质。也可采用普通苗床育苗。苗龄30d左右，有5~6片叶时即可定植。

（4）整地与定植：每亩施用充分腐熟有机肥2000kg以上，或“一特”活性有机肥800kg。做成1.3m宽、6~8m长的平畦（低洼易涝的地块做成瓦垄高畦）。可成片种植，也可种在温室的前脚或与其他作物间作，注意不要遮光。选前茬最好不是甘蓝类蔬菜的地块，每畦种3行，平均行距35~45cm，株距30cm，每亩5500~6000株，栽后及时浇水。

（5）田间管理：缓苗后中耕1~2次，然后蹲苗10d左右，以利根系生长。蹲苗后及时浇水，球茎开始膨大时要均匀浇水，以小水勤浇为好，待心叶不再生长时即接近成熟，要停止浇水。球茎开始膨大时追肥一次，可每亩穴施活性有机肥200kg，或“一特”蔬菜专用肥25kg。叶面喷肥2~3次，可用3%浓度的磷酸二氢钾，尽量喷在叶背面。常见虫害有蚜虫和甘蓝夜蛾，可采用生物农药“护卫鸟”和“百草一号”及时防治。心叶不再生长时要及时采收，以免茎皮变厚、变硬，茎肉纤维老化而影响品质。

十四、彩色花椰菜（菜花）

彩色花椰菜包括紫球花椰菜、黄球花椰菜、淡绿球花椰菜等色彩鲜艳的花椰菜系列品种，彩色花椰菜是从普通花椰菜中分离、选育出的一类色彩特异的品种。与普通花椰菜同属十字花科甘蓝类草本植物。花椰菜成熟的花球横径一般为20~30cm，由肥嫩的主轴和众多的肉质花梗组成主要的产量部分。彩色花椰菜颜色的特异代表了其所含营养物质的差异，绿色的含有大量的叶绿素，金黄色的所含β-胡萝卜素更是高于普通花菜，紫色的则花青素的含量很高，这也表明了彩色花椰菜的营养含量要高于普通花椰菜，食用方法上也更加丰富。除作商品销售外，还可以进行上盆作家庭小菜园栽培或观赏栽培。彩色花椰菜栽培方法与普通花椰菜一样。

（一）紫色花椰菜（紫菜花）

从国外最新引进的紫色花椰菜新品种，因为花球为艳丽的紫红色，给人一种悦目、富贵的感觉，紫花菜的风味清香，营养丰富，富含蛋白质、维生素C，粗纤维少，此外，还含有维生素A、维生素B_1、维生素B_2和蔗糖、果糖、硒等，风味鲜美，能提高人体免疫功能，促进肝脏解毒，增强体质和抗病能力。除了具有普通花椰菜富含的维生素C之外，还含有特殊的生物活性物质——花青素，被医学界和营养学家认为具有抗氧化、防衰老、防癌等作用。花青素是一种水溶性天然色素，是一种高效的、抗氧化的自由基清除剂：花青素的自由基清除能力是维生素E的50倍，是维生素C的20倍。因而常食紫花椰菜可达到抗衰老、防肿瘤、降血压等功效。由此可见紫花椰菜是一种营养价值高、具有保健作用的新型蔬菜。紫菜花适合加工和鲜食，做沙拉菜口感特好，无论怎么煮，紫红颜色鲜艳不变。货架期长。是深受市场欢迎的特色花菜新品种。非转基因，自然色彩。

1."1597"紫色花椰菜

"1597"紫色花椰菜是从日本引进的紫菜花一代杂交种。日本武藏野出品的优质紫色花椰菜品种，其外形同普通花椰菜，但花球呈紫红色。

特征特性：

该品种适合春、秋两季种植，育苗移栽，定植后70~80d收获。株形直立，叶绿色，叶面无蜡粉，莲座后期保持绿叶15~16片。花球直径15~20cm，花球亮紫色，半圆形，被4~6片心叶包被，花球紧实较厚，质地柔嫩，单球重1~1.8kg，花球重1kg左右。种子发芽适温25℃，营养生长适温8~24℃，花球生育适温15~18℃。紫菜花以花球为产品器官，气温过低（8℃以下）不易形成花球，而气温过高（25℃以上）则花薹、花枝迅速生育而伸长，使花球松散，影响产量和质量。每亩产量3500~4500kg。

2. 紫皇

中晚熟一代杂交紫色花椰菜。叶片蓝绿色，直立生长。耐肥水，植株长势强，抗霜霉病、病毒病、黑腐病，花球为艳丽的紫红色，表面光滑，单球重一般0.7~1.1kg，大的可达1.5kg以上，紧实，内、外均为紫红色，在适宜的气候和栽培条件下，定植后80d左右采收，每亩产量可达2000kg以上。

3. 紫晶一号

新乡市牧野良种研究所选育，适应性广，抗逆性强，抗病性强，品质超群，产量高，商品率高，经济效益高。是供应宾馆、饭店、超市的好品种，也适合于出口企业创汇。花球紫色，球直径15cm，单球重500g左右，秋季定植后85d左右收获，春季定植65~70d收获。每亩产量2500kg左右。紫花菜营养丰富，风味佳。株形略有开展，茎略紫，叶色深紫色，蜡粉增多，生长整齐，结球紧密，主轴形成球状主花球，收获后，各叶腋可产生侧花球，花球包括肥嫩的主轴、肉质花梗及其紫色未充分发育的花蕾。

4. 紫盈一号

紫色花椰菜品种，中晚熟。球径12~15cm，花球尖，圆头形，表面紫红色，着色均匀，蕾粒细，单球重0.4~0.5kg。植株生长势强，很少抽生侧球，抗病性强，成熟期80d左右。

（二）绿色花椰菜

1. 威特RZ F1

荷兰瑞克斯旺绿色花椰菜，早中熟，耐热性较强，夏、秋季均可种植，也适合冬季温和地区保护地种植，丰产型品种，产量高。

2. 奇山凯莎F1

绿色花椰菜，非绿菜花，外观与白色菜花一样，只是颜色为黄绿色，从美国最新引进的高档珍奇绿色花椰菜，中晚熟杂交品种，漂亮的黄绿色花球，花球优美，花蕾颜色漂亮一致，生长势旺盛，采收期较一致，单球重1~1.5kg，整齐度好，产量高，品质好，春、秋季种植，抗病性特强，定植后80~90d可以采收，口感好，适合鲜销及加工。

3. 璠瑟尔（bejo1740）

荷兰bejo选育，绿色花椰菜品种，中晚熟，喜冷凉气候，耐寒性强，生长旺盛，花球深绿色，花球紧实，叶片直立，品质佳，适合秋季栽培，成熟期为移栽后约90d。

（三）金黄色花椰菜

1. 橘皇

橘皇是国外最新育成的特色金黄色花椰菜，花球颜色为诱人的橘黄色，营养丰富，除具有普通花椰菜所含营养外，维生素A含量约是普通白花菜的25倍，花球所含β-胡萝卜素更是高于普通花菜。由于所含β-胡萝卜素远高于普通花菜，所以花球呈现橘黄色，非转基因，颜色自然、鲜艳，且不易退色，色彩新颖、诱人，口感清新，可以和其他颜色花椰菜搭配做沙拉食用，

色、香、味俱佳，更能增加食欲。可以精品包装，更显高贵气质。

品种特性：

中晚熟，从定植到采收70~80d，植株开展度中等，花球平整，高圆，单球重700g，特色蔬菜新品种，叶片长、生长快、抗病强、适应广。花球端正、黄金色、商品性佳。结球期与采收期适应气温15~18℃。栽培技术同普通花椰菜。

2. 津皇一号

中晚熟品种。叶片长、生长快、抗病强、适应广，花球端正、黄金色、商品性佳。花蕾极细小、致密，单球重1.2kg左右，口感极佳。植株生长势旺盛，抗病性强，定植后80d左右收获，兼具青花菜的营养和白花菜的产量。

栽培技术要点：

（1）春播12月上旬至翌年1月中旬育苗，3月份左右定植。

（2）秋播华北地区6月中旬至7月中旬育苗，苗龄30d左右，幼苗5叶1心时即可定植，东北地区6月上旬至7月上旬育苗，长江流域7月上中旬至8月上中旬育苗，华南地区应推迟育苗。西南、西北高海拔冷凉地区适度早播。

注意：结花球期避开在高温、高湿条件下，花球易畸形，影响产量和商品性。

（3）行距60cm，株距50cm，每亩栽2200株左右，春播密度2000株左右，不能密植，以便让每个花球都能接受光照而着色。

（4）采收前几天对个别遮挡阳光的叶片要打掉，使得花球能采光着色，花球颜色会更加浓艳。

（5）花球收获：如植株的内叶张开，花球比较充分地膨大，并呈艳丽的色彩，应及时采收，否则生长期过长就会出现花球松散，表面颜色变浅、变暗且不均匀，影响商品价值。如果较远距离运输，采收时要带些叶片，或包装运输，以防碰擦花球。值得注意的是，彩色花椰菜出球后如遇到较长时间的阴雨天气，会严重影响着色，使花球颜色发浅，尤其在秋后光照严重不足的地区，应慎种彩色花椰菜。

（四）宝塔菜花

宝塔菜花，简称塔花，白菜花的一个变异品种，喜冷凉气候，起源于地中海北部，是十字花科芸薹属甘蓝种的、以花球为产品的一个变种蔬菜，又称富贵菜、珊瑚菜花。其形状奇特、色泽翠绿或金黄色，其花球由一个个花蕾极小的宝塔组成，主茎粗大形成主花塔，颜色浅绿，宝塔菜花营养成分非常丰富，蛋白质和维生素A含量极高，在欧洲被称作“新生命食品”。宝塔菜花新颖独特，食用方法多样。市场价值高，需求旺盛，为当前欧洲国家最流行的绿花菜新品种。据测定，每100g含蛋白质2g、脂肪0.25g、膳食纤维1.3g、糖类3.8g、胡萝卜素12μg、维生素C68mg、维生素$B_1$0.015g、维生素$B_2$0.06mg、维生素E0.09mg及多种矿物质成分；含类黄酮可防止感染，有清理血管、减少胆固醇氧化、降低血小板凝结的功能；维生素A、维生素C及胡萝卜素的含量高，能增加皮肤弹性。具有强身健体、防病、美容之功效。

1. 绿宝塔

种性稳定、晚熟，定植100~120d后收获，适宜于温和湿润气候，植株营养生长的适宜温度为20~28℃，转入生殖生长而结球的温度以18~22℃为宜；株形开展，长势旺盛，叶片宽大、肥厚有蜡粉，耐寒性好，抗黑腐病能力强，适应性广，易栽培。翠绿色花粒组成多个圆锥形小尖塔而构成单株塔花，形状酷似宝塔，单塔重1000g左右，产量稳定，长势旺盛，耐寒性好，抗黑腐病能力强。

2. 富贵塔

法国最新培育的金字塔形菜花杂交一代品种，生长势旺，较晚熟，花球是由多个金字塔小花球组成的，黄绿色，奇特美观，质地细腻，营养丰富，口感优良，在法国已成名贵蔬菜，在意大利等地中海沿岸地区也开始栽培，我国引进后很受宾馆、饭店的高消费者青睐。

宝塔菜花栽培技术要点：

（1）北方

①露地：6月中旬播种，7月上旬定植，每亩2000株，11月初收获。

②塑料大棚：7月初播种，苗龄25d，11月下旬收获。

③日光温室：8月中下旬育苗，9月中旬定植，春节上市；建议北方以该茬口为主。

④春播：需在高温（30℃）来临前收获，保护地12月份育苗，春节前定植，5月初之前收完，并特别注意4月中下旬塔花球膨大期的温度（18~22℃）管理。

（2）南方：9~11月份播种，苗龄30d，每亩定植2500株，春节前后收获，保护地、露地均可种植。

食用方法：炖炒、开水汆后配海米或香菇凉拌。

（五）西洋芥蓝

秀兰

从日本最新引入，由西兰花和中国蔬菜——芥蓝杂交而成的新型特色花菜品种，既取其两者的长处，而又巧妙地避免了两者的缺点，

在西兰花中导入了芥蓝的有关基因，包括抗高温特性、茎秆的特有风味和多分枝性等特性的新品种。与芥蓝类似，以花茎为可用食部分。

播种后90d左右收获，主花茎收获后侧芽可不断分化并形成侧花茎，侧枝多，花蕾和茎秆的纤维少，肉质脆嫩，口感柔软，风味香甜。既有吸引眼球的美丽外表，又有引人入胜的清甜美味。作为带茎食用的新一代西兰花，适宜周年栽培和家庭菜园种植。

栽培技术要点：

北方地区秋冬、冬春季日光温室，春、秋季大棚都可以种植，一般播种到开始收获在90d左右，长江以南日平均温度到10℃以上的地区，露地几乎周年可种植。当然，夏季高温期间，收获物（带茎秆的花蕾）的货架期会短、田间病虫害也易发生。因此，中间地区，夏季收获难度较高，冷凉地地区夏季也应尽早收获。另外，当平均气温降到10℃以下时。侧枝的生长会变慢，因此，越冬栽培最好以保护地栽培为宜。种子发芽适温为20~30℃，育苗适宜温度为15~25℃。

（1）定植密度：一般情况下，定植株数和西兰花差不多。株行距控制在（35~45）cm×（60~75）cm，同时结合大田情况适当调整。为提高前期产量，我们建议首先可采用株行距为（20~25）cm×（60~75）cm的条播，初期收获结束后，当植株长大后，再每2株拔掉1株，最终株行距为（40~50）cm×（60~75）cm，这种情况下，定植株数控制在2000~2400株/亩。

（2）育苗：育苗同西兰花。可以用育苗床或育苗穴盘育苗。由于该作物茎秆易伸长，育苗期间要特别注意控水，防止徒长。另外，尽量选择含氮量少的育苗土，以培育健壮秧苗。播种后，苗期一般控制在25~30d。

（3）肥料：施肥量根据大田土壤的肥力而定，因此，建议首先进行土壤肥力测试。在高温季节栽培时，应尽量使用有机肥料（鸡粪等），以提高收获物的质量。如果植株长势较弱，可以每亩追施氮肥2~3kg（相当于全氮）。在低温季节栽培时，应注意不能造成缺肥现象，因此，基肥应适当增加氮肥含量（比正常多施20%~30%）。

（4）防虫对策：花蕾出现期较多出现青虫和蚜虫。农药使用请根据实际情况参照有关技术部门的要求进行。

（5）收获（这是最关键的技术）：栽培以采收侧花茎为目的，当主枝的顶花蕾长到乒乓球大小时，即真叶9~10片时摘除顶花茎，在顶花蕾下部的腋芽处会出现侧枝，当侧枝长到15~18cm时就可以进行收获。从植株上部开始，将长到小拇指粗细的侧枝也收获掉。在收获时要将侧枝基部的叶片一起摘掉，以利下部侧枝的生长发育。在接近根部长出的粗的侧枝，任其生长，到时和顶花蕾一样，仅收获花蕾部分。在它旁边还会长出侧枝，这些到时也能收获。要求在花蕾变松前进行收获。一般每棵植株的收获期在2个月左右，以后由于茎秆表皮变硬就不行了。

（6）上市：一般挑选茎秆15~18cm长、粗细一致的侧枝，每100~200g为单位，扎成一束束上市。在日本关东地区，常常以15cm长、100~150g为规格上市销售；在日本东海地区，常常以16~18cm长，150~200g为规格上市销售。高温季节，一般略微提早收获，同时进行预冷处理以延长货架期。产量会因不同生育时期和栽培水平差异较大，一般每亩产量750~1000kg。

（7）食用方法：与西兰花不同，即使炒食也不会破坏花蕾形状，最适宜与培根一起炒食，也可以生吃，作为下酒小菜最为合适。特别在深秋季节，茎秆很甜。水煮后，与沙拉酱拌食，风味独特。还可腌渍后食用，能久放，甜味强烈。

（8）商品性：目前，澳大利亚生产较多，日本生产较少。2003年秋冬季节，在日本市场，每150~200g一束，销售价在70~110日元。

十五、甜糯玉米

甜玉米（Sweet Corn）是菜用玉米的一个类型，又称蔬菜玉米，禾本科，玉米属。甜玉米是欧美、韩国和日本等发达国家的主要蔬菜之一。因其具有丰富的营养、甜、鲜、脆、嫩的特色而深受各阶层消费者青睐。甜玉米被消费的植株部分是未成熟的籽粒，主要由胚乳和子房壁（未成熟的颖果皮）组成。其食用品质由胚乳的味道、结构以及果皮的柔软度等所决定。

糯玉米是一类营养丰富、利用率高、适口性好、经济效益高的玉米类型，集中了水果和谷物的优质特性，是一种兼具休闲型与保健型的现代食品，具有甜、黏、嫩、香的特点，以易于咀嚼和消化吸收快而备受消费者的喜爱。煮熟以后可以长期保持原有风味，是一种较有发展前途的青苞鲜售和加工兼用型玉米。

甜玉米与普通玉米的区别就是籽粒胚中的含糖量高，一般含糖量达10%~20%，甚至更高，是普通玉米含糖量的1~4倍。甜玉米氨基酸总量比普通玉米和糯玉米分别高出23.2%和12.7%，在氨基酸组分中，以赖氨酸、色氨酸的含量较高，比普通玉米高出2倍以上，8种人体必需氨基酸总量则比普通玉米和糯玉米分别高出23.5%和6.6%。

甜糯玉米由于种植方法简单，生长期短，生产资料、劳动力成本投入低，优质的甜糯玉米品种深受消费者喜欢，尤其是超甜玉米更加适合采摘鲜食，产出量大，市场需求量大，同时对土地要求不高，既可以大面积种植，也可以利用果树行间种植，与蔬菜间作等多种种植方式，一年可以种植1~2季，保护地种植可以提早上市，可以为采摘园区带来不菲的经济收入，是最有发展潜力的采摘品种。

品种介绍

1. 美珍204

特征特性：

美珍204是北京宝丰种子有限公司引进美国种质资源选育的黄白双色超甜玉米杂交种，是目前我国最新的甜玉米品种，审定编号：京审玉2008011。属温带类型品种，喜冷凉，厌湿热。适于以北京为代表的空气干燥、灌溉条件良好、肥力中等以上的壤土或沙壤土地区，适用范围以东北、华北和西北为主，也可在南方土壤和气候良好的地方进行早春、晚秋或越冬种植。美珍204粟粒黄、白相混，薄皮无渣，粒脆嫩香甜，经典箭叶，果穗外观美丽，颜色亮丽，穗大芯细。可生吃，口感脆嫩、清爽汁多、香甜可口、乳香四溢，有奶油水果玉米的风味，品质和产量与美国甜玉米库普拉不分伯仲，亦因以上因素在日、韩及欧美等国备受推崇和青睐。鲜售和真空包装均可。早春、晚秋播种为佳，株高40cm就开花，与众不同；有分蘖不用摘除。北京地区种植播种至鲜穗采收期约81d，株高约187cm，穗位约48.4cm，穗长20~23cm，穗粗约5.0cm，穗行数14~16行，粒色黄白色，粒行整齐，粒深约1.2cm，果穗近筒形，单穗重400g以上居多，鲜籽粒千粒重约353g，出籽率约61.2%。籽粒（干基）约含粗蛋白12.36%，粗脂肪10.15%，总糖30.13%，还原糖8.53%，蔗糖20.52%，粗淀粉26.41%，赖氨酸0.40%。

栽培技术要点：

注意适当提早播种，在高温来临前采收。应与其他玉米品种隔离300m以上，或采用时间隔离，防止串粉。最佳种植密度每亩3300株。授粉后20d适时采收。

2. 美珍206

特征特性：

美珍206是北京宝丰种子有限公司引进美国种质资源选育的纯黄色超甜玉米杂交种，属温带类型品种，喜冷凉，厌湿热。审定编号：津审玉2013006。产量更高，易栽培，脆爽得难以想象，籽粒黄色、味正佳，优越的抗逆性亦将无可替代，我们称之为未来之星。晚春、早秋种植为宜，其良好的适应性将品种的播种时间增至最大。北京地区种植株高170~180cm，穗位50~55cm，穗长约22cm，穗粗约5.0cm，穗行约16行，果穗筒形，籽粒鹅黄色，穗轴白色。出苗至采收约83d。苞叶色泽鲜绿美观，雌花、雄花协调性好。单穗重450g以上居多，准确的播期和科学管理是丰产增收的保证。宽窄行栽培时，每亩产量可达1600kg以上。

栽培技术要点：

建议北京、天津、河北、大连等保护地或露地直播为3月中旬至5月10日，广州、昆明、武汉早春1月中旬至3月上旬、晚秋8月下旬至10月上旬，山西、甘肃、辽宁、吉林4月中旬至5月中旬，黑龙江全生育期。准确的播种时间以多年多点试种之结果为准。施肥原则是“前重后轻”，即“施足基肥、早施苗肥、适施壮秆肥和重施攻穗肥”。

3. 宝甜182

特征特性：

宝甜182是北京宝丰种子有限公司选育的黄色超甜玉米杂交种。审定编号：皖玉2009009。粒深，穗大，产量高，鲜售首选，市场俏；籽粒速冻，好吃好看。幼苗叶鞘绿色，花药黄色，颖壳绿色，花丝白色，果穗筒形，穗轴白色，籽粒黄色。出苗至采收约74d。株高约231cm，穗位约88cm，穗长约20cm，穗粗约5.0cm，籽粒14~16行，穗形近筒形，籽粒楔形，粒深达11mm，颜色黄较宽，甜度高，种皮较软。2007年各试点平均品质综合评分为87.6分，2008年各试点平均品质综合评分为85.9分。2008年扬州大学农学院测定：水溶性糖15.32%，还原糖4.86%，皮渣率10.89%。

栽培技术要点：

应与其他类型玉米距离300m左右种植，或采用时间隔离，防止串粉。每亩用种量1.0kg左右。适宜种植密度3300株/亩，授粉后20~22d适时采收。

4. 金凤甜5号

特征特性：

金凤甜5号是经产权单位授权北京宝丰种子公司指定区域独家经销的黄色超甜玉米杂交种。审定编号：国审玉2005050。产量超高，加工首选。在东南地区出苗至采收81d左右；在西南地区出苗至采收90d左右；在黄淮海地区出苗至采收79~82d。幼苗叶鞘绿色，叶片绿色，幼苗期叶缘绿色，花药黄色，颖壳绿色，株形半紧凑，株高约213cm，穗位高78~94cm，果穗筒形，穗长21cm左右，穗行数16行居多，穗轴白色，籽粒黄色，百粒重（鲜重）30~38克。水溶性糖含量约16.93%，还原性糖含量约9.91%。

栽培技术要点：

应与其他玉米品种间隔300m左右，或采用时间隔离，谨防串粉。播前必须晒种，最早播期为土壤表层5cm深处地温稳定在12℃以上，最晚播期为早霜来临前100d。播种深度2.5cm，每穴播种量2~3粒，提前或延后应适当增减。每亩用种量约1.0kg。加工种植密度以3000株/亩为好，可保证成品率。可采用大、小行种植（80cm、50cm）。授粉后20~22d适时采收，若采收不及时会严重影响品质。

5. 华威6号

特征特性：

华威6号是北京宝丰种子有限公司自主选育的黄色超甜玉米杂交种。审定编号：京审玉2008009。穗粒淡黄、有光泽，生食无异味；着粒较深，糖分保持力久，适宜加工罐头、速冻籽粒和鲜穗上市，与脆王无二，加工期较长。春、秋播种较好。北京地区种植播种至鲜穗采收期约89.5d，株高约256cm，果穗筒形，穗位约98.8cm，穗长约22.7cm，穗粗约4.7cm，穗行数16~18行，粒色黄色，色正味佳，粒深约1.1cm，鲜籽粒千粒重约300g，出籽率约58.6%。籽粒（干基）含粗蛋白约13.17%，粗脂肪约6.06%，总含糖量约33.75%，还原糖约10.10%，蔗糖约22.45%，粗淀粉约15.37%，赖氨酸约0.36%。

栽培技术要点：

应与其他类型玉米距离300m左右种植，或采用时间隔离，防止串粉。露地直播4月下旬至7月中旬均可播种，应避开高温、高湿季节。每亩用种量1.0kg左右。适宜种植密度约3300株/亩，授粉后20~22d适时采收。

6. 金帅

特征特性：

金帅是北京宝丰种子有限公司选育的黄色超甜玉米杂交种。审定编号：津审玉2007018。粒深轴细，纯正的玉米芳香，皮薄脆甜，非常适宜加工速冻籽粒，市场的热捧是你必需的选择。品质与特性类似阿根廷博收甜玉米S710，但抗性与产量更加优秀。要隔离种植和适时采收，否则会使品质严重下降；出苗至采收天数约83d。株高约231.8cm，穗位约95cm，穗长约20.7cm，穗粗约5cm，穗行数约16行，穗粒黄色。苞叶紧实，籽粒深达1.2cm，百粒重约35g，出籽率高达65.2%；平均鲜穗重500g（带苞叶）以上。

栽培技术要点：

①隔离，必须与其他玉米隔离，隔离应大于300m，播期提前或延后20~30d。

②播前晒种，春播时期最好在土壤表层5cm深处的地温稳定在12℃以上时，采用地膜覆盖可适当提前。

③播种量约1.5kg/亩，每穴必须3粒以上，播种深度3~4cm，加工用鲜粒约3000株/亩，干旱会严重减产，注意防止低温出现空秆。

④采收期：一般在授粉后20d左右，甜玉米籽粒含水量在70%时为最佳采收期，采收不当将严重影响品质。

7. 秦龙甜1号

特征特性：

秦龙甜1号是北京宝丰种子有限公司全国独家经营的超甜玉米杂交种。审定编号：国审玉2004045。糖分保持力较长，较耐贮运，采收省力，爽滑细腻。南、北方均适宜种植，东南、黄淮海地区为主。在东南地区出苗至最佳采收期76~80d，在黄淮海地区出苗至最佳采收期80~85d，筒形穗，穗尖部圆顶，穗长约21cm，穗粗约5.5cm，粒深近13mm，穗行数18行左右，穗轴白色。专家品尝鉴定为鲜食甜玉米一级标准。

栽培技术要点：

（1）每亩适宜种植密度3000~3300株。鲜苞出售或加工种植密度每亩约3000株，可保证成品率增加。

（2）不同玉米品种之间种植隔离应大于300m，时间隔离播期相错30d以上。

（3）播前必须晒种，最早播期为土壤表层5cm深处，地温稳定在12℃，连续5d，或气温稳定在16℃以上，最晚播期为早霜来临前100d。播种深度2.5~3.5cm，每穴播种量2~3粒，提前或延后应适当增减。

（4）采收期：在50%植株吐丝后20~23d。含水量约70%为最佳采收期。

8. 雪糯1号

特征特性：

雪糯1号是北京宝丰种子有限公司自主选育并通过审定的白色糯玉米品种。审定编号：京审玉2006009。北京地区种植播种至鲜穗采收平均

87d，株高约216cm，穗位约94cm。穗长约20cm居多，穗粗约4.8cm，穗行数14~16行。生鲜粒白熟更美，鲜果穗重约300g，南、北方均适种。田间综合抗病性较好，抗倒性较强。鲜食品质较好，支链淀粉、粗淀粉比例约为97.34%，粗蛋白含量约10.46%，粗脂肪含量约4.05%，粗淀粉含量约72.96%。北京市糯玉米区试结果：果穗性状、籽粒性状、果品柔嫩性、风味、糯性五项得分均位居第一。美丽果穗风靡至今，好吃好看。

栽培技术要点：

一般种植密度3000株/亩左右为宜，套种或直播均可，施好基肥、种肥，重施穗肥，酌施粒肥，及时防治病虫害，适时采收。

9. 雪糯2号

特征特性：

雪糯2号是北京宝丰种子有限公司审定的白色糯质玉米杂交种。审定编号：京审玉2009011。熟吃黏甜、冷食香糯，厂家首肯；低温出苗齐，抗倒伏性好，是目前最优质高产的白色糯玉米品种。采鲜期较京科糯2000早熟5d。北京地区春播种植播种至鲜穗采收期约95d，株高约260cm，穗位约117cm，穗长约22.9cm，穗粗约5.0cm，穗行数约14行，粒穗白色，鲜籽粒千粒重约356.1g，单穗重约390g（去苞叶）。品质优，冷食不返生。籽粒中（干基）含粗淀粉约66.98%，粗脂肪约5.70%，粗蛋白约11.41%，赖氨酸约0.36%，支链淀粉、粗淀粉比例约为99.08%。

栽培技术要点：

应与其他类型玉米品种隔离约300m种植，或采用时间隔离，防止串粉。露地直播4月下旬至7月初均可播种，低温出苗好，迟播要严防高温。每亩播种量1kg左右。适宜种植密度约3300株/亩。授粉后20~22d适时采收，若采收不及时会严重影响品质。

10. 雪糯6号

特征特性：

雪糯6号是北京宝丰种子有限公司自主选育的糯质玉米杂交种，审定编号：闽审玉2011002。大穗优质白色糯玉米，最大穗重850g（含苞叶），真正的筒锥形，前瞻市场，永领潮流。春播出苗至采青日数约84.5d，与对照苏玉糯5号相当。平均株高约231.8cm， 穗位高约95.8cm，株形半紧凑，果穗长锥形，穗长23~25cm，穗粗约5.1cm，穗行数约13.9行，行粒数约38.0粒，穗粒白色，穗轴白色，鲜百粒重约33.5g，出籽率约65.27%。区试田间调查抗大斑病、小斑病、茎腐病。福建省区试品质鉴评综合评分84.4分，达到农业部颁发鲜食糯玉米二级标准。经扬州大学农学院测定，皮渣率9.70%，支链淀粉占总淀粉含量的98.33%，达到农业部颁发的糯玉米标准（NY/T524-2002）。

栽培技术要点：

春播一般2月下旬到4月上旬，秋播一般在7月中旬至8月中旬，并与其他玉米隔离种植防止串粉。每亩适宜密度3200株左右。肥水管理以促为主，施好基肥、种肥，重施穗肥，花后5d要保持土壤湿润，酌施尿素20kg作粒肥。注意防治病虫害，适时采收。

11. 雪糯7号

特征特性：

雪糯7号是北京宝丰种子有限公司自主选育的白色糯玉米品种，审定编号：津审玉2009016。出苗到采收期约90.2d。株高约232.4cm，穗位约108.6cm，穗长约21.7cm，穗粗约5.1cm，穗行约16.8行。

行粒数 35.7粒。穗粒白色。果穗筒锥形，排列整齐，柔糯香甜。苞叶紧密、保鲜久，封顶严密、耐贮运；穗轴白色，细籽粒深，鲜果市场受热捧。平均单穗重约400g（去苞叶），良好的管理情况下每亩产量可达1500kg以上。

栽培技术要点：

天津地区4月上旬即可地膜覆盖栽培，露地直播4月下旬至7月中旬均可播种。注意隔离条件，防止串粉；每亩用种量1.5kg左右，可采用大、小行种植（80cm、50cm）。及时定苗，行距约65cm，株距约34cm，最佳种植密度3000株/亩。授粉后20~24d适时采收，若采收延迟会影响品质。

12. 雪糯8号

特征特性：

雪糯8号是北京宝丰种子有限公司自主选育并审定的高产大穗型白色糯质玉米杂交品种。审定编号：桂审玉2008019。果穗筒锥形，品质柔糯，籽粒洁白，排列整齐，果穗20cm以上的较多，糯中带甜，商品性佳。出苗至鲜果穗采收期春季平均88d，秋季平均70d，株高约227cm，穗位89cm左右。穗长约21cm，穗粗约5cm，穗行数14~16行，穗轴白色。百粒重约36.4g，出籽率约69.4%。外观品质25.75分，气味6分，色泽6.25分，风味8.5分，糯性16分，柔嫩性8.75分，皮薄厚15分。品质评价等级：2007年春季87.5分，2007年秋季85分，平均86.25分，按国家区试鲜食玉米品质等级指标被评为二级，比对照高1.75分。

栽培技术要点：

（1）种植该品种，株距30cm、行距70cm，适宜种植密度约3000株/亩，以确保成品率的增加。

（2）不同品种之间种植隔离大于300m，如有障碍可适当缩短。时间隔离播期相错30d以上。

（3）播前必须晒种，最早播期最好在土壤表层5cm深处的地温稳定在12℃以上时；最晚播期为早霜来临前100d。选择土地平整肥沃、光照充足、有排灌条件的地块，每亩施有机肥约1500kg、磷肥40kg、复合肥40kg、钾肥（氯化钾或硫酸钾）15kg。播种深度2.5~3.5cm，每穴播种量2~3粒，提前或延后应适当增减。

（4）采收期：该品种授粉后20~23d为最佳采收期。

13. 京彩甜糯

特征特性：

京彩甜糯是北京宝丰种子有限公司自主选育的、2011年通过审定的紫白双色糯玉米品种。审定编号：皖玉2011008。糯玉米中甜度最高、品质最好、产量最高。紫白相间果穗俏，排列整齐封顶好，蒸煮后晶莹剔透，冷食柔糯亦香甜，堪称花糯一品。采鲜期较京科糯2000早熟7d，2011年国家黄淮海区试鲜食糯玉米组专家品尝鉴定位居第一位，是当年唯一推荐国家审定的品种，适宜南、北方种植。出苗至采收72d左右，南、北方会有不同，株高约220cm，穗位90cm左右，穗长19~21cm，穗粗5.0cm左右，平均单穗重400g。果穗筒锥形，糯中带甜，籽粒紫中有白。封顶好，白色籽粒约占75%，紫色约占25%，穗轴白色，穗行数14~16行。

栽培技术要点：

（1）鲜穗或深加工宽、窄行种植，种植密度以每亩3000株为好。

（2）不同玉米品种之间种植隔离应大于300m，时间隔离播期相错30d以上。

（3）收获适期：在50%植株吐丝后18~25d前后。

14. 黑凤

特征特性：

黑凤是北京宝丰种子有限公司育成并审定的双色糯质玉米杂交品种，审定编号：津审玉2007012。糯玉米中有甜味、优质的典范，紫白亮丽，封顶好，商品性极佳，比对照品种增产10.5%。天津地区春播从出苗到鲜穗采收约85d，夏播约80d，株高230cm 左右，穗位约100cm，株形半紧凑，叶色浓绿，穗长约24cm，无秃尖，穗行数14~16行，穗粗约5.0cm，双穗率高，籽粒黑色，粒深，出籽率约64.3%；穗轴白色较细，净鲜穗平均重约350g。长势旺盛、根系发达，茎秆粗壮，抗倒伏，适应性广。2004年、2005年在天津市武清区河西务、南蔡、陈咀等地种植，均比当地主栽黑糯玉米品种早熟5d，增产20%以上，且口感突出，抗病性强，受到种植户和消费者的认可。

栽培技术要点：

注意隔离条件，防止串粉；每亩用种量1.5kg左右，可采用大、小行种植（80cm、50cm）。及时定苗，行距约65cm，株距约34cm，最佳种植密度3000株/亩。授粉后20~25d适时采收，若采收延迟会影响品质。

15. 凤糯476

特征特性：

凤糯476是北京宝丰种子有限公司独家生产经营的新一代极早熟改良白色糯玉米杂交种。审定编号：国审玉2005044。非常早熟，籽粒洁白，果形优美，品质优，甜糯1号播种区域均可种植，国审至今因以上特点被众多追求鲜果抢先上市和无霜期较短的地区种植加工，是近年来白色早熟糯玉米种植面积上升最快、播种面积最大的品种之一。在黄淮海地区出苗至采收期74~77d。苗叶鞘黄绿色，叶片绿色，叶缘绿色，花药黄色，颖壳绿色。株形松散，株高238~245cm，穗位高110~116cm，成株叶片数约17片。花丝青色，果穗锥形，穗长18~19cm，穗行数16行左右，穗轴白色，籽粒白色，硬粒型，百粒重（鲜重）32g左右。

栽培技术要点：

每亩适宜种植密度3000~3500株，隔离种植，防止串粉，适时采收。适宜在北京、天津、河南、河北、陕西、安徽北部夏玉米区作鲜食糯玉米种植。

甜糯玉米高产栽培技术要点：

（1）选择品种：根据本地气候特点、土壤特点和人们的饮食习惯，选用在本地表现优良、产量高、甜糯性好、质地柔嫩、果穗均匀、抗病力强的优良杂交品种。如北京宝丰种子公司的雪糯2号、秦龙甜1号、宝甜182、京彩甜糯、美珍204等。

（2）隔离种植、防止串粉：由于甜糯玉米与普通玉米串粉杂交，籽粒易变成普通玉米，失去甜味和糯性，品质下降，串粉越多，品质下降越明显。因此甜糯玉米种植要与普通玉米隔离，可通过空间隔离，在种植甜糯玉米的田块周围300~500m内，不要种与甜糯玉米同期开花的普通玉米或其他类型的玉米，也可采用时差隔离，即同一种植区内，提前或推后甜糯玉米播种期，使其开花期与邻近地块其他玉米的开花期错开达20d左右，甚至更长，也可通过山岭、树林、果园、村庄、高山、河流等自然屏障，阻挡外来花粉传入，实现隔离。

（3）种子处理：选用发育健全、饱满度好、籽粒均匀、发芽率高、纯度高的种子，播前晒种2~3d，以提高种子发芽率和抗病性，播前对选好的种子用种衣剂拌种，以防治地下害虫和土传病害的发生，并促进根系发育和种植生长，确保幼苗生长健壮。

（4）分期播种、均衡上市：在甜糯玉米生产中，可采用地膜覆盖、育苗移栽、盘育乳苗移栽甚至大棚栽培等设施栽培技术，每隔5~7d分批分期播种，以保证连续采收上市或加工利用，提高经济效益。由于种子发芽不耐低温，因此，一般最早的播种期必须在当地5cm地温稳定通过12℃才可以开始播种；最迟播种期也要保证采收期气温在18℃以上，一般是当地早霜日前推100d；如果用地膜覆盖栽培，可提早7~10d播种。

（5）促进早发、培育壮苗：种子宜浅播，播种过深会消耗种子过多的养分或造成幼苗不出土，一般播深5cm（甜玉米播深2~3cm），同时保证覆土，深浅一致。生产中要求甜糯玉米适宜播种密度为每亩3000~3500株，早熟品种密度稍高，晚熟品种密度稍低。为保证田间保苗率，每穴2~3粒，每亩用种甜玉米约1.5kg，糯玉米约2kg，确保全苗，播种后可采取秸草覆盖的措施，防止因干旱土壤失水过多，种子落干回芽不能齐苗，也可有效防止播后遇暴雨，造成土壤板结而闷种烂芽。通过精细播种，能够确保全苗、均苗、壮苗，建立较好的群体基础。强烈推荐宽、窄行的栽培模式，人为造成边行效应，果穗大，双穗率高，提高产量和产品的商品性。具体操作是：宽行90cm，窄行40cm，平均65cm；每亩2800株时株距为36.6cm，3000株时为34cm，3200株时为32cm，3500株时为29cm，4000株时为25.6cm，4300株时为23.8cm。宽行可套种大豆、土豆、辣椒、地豆等作物。

优点：

①保证了玉米合理的种植密度，增大了其他间套作物的种植面积，有利于间套作。

②大行间光照充分，可减少玉米植株间互相遮阴，使叶片受光均匀，受光时间延长，大大提高光合利用率，制造的养分和积累的干物质相应地增多，有利于产量的增加。

③玉米宽窄行种植，有利于玉米与豆科作物间套种，做到用地与养地相结合，可以培养和提高土壤肥力。

④能充分利用土地资源与光热资源，便于田间管理，缓解作物间争光、争肥的矛盾，可以充分发挥土壤中水、热、气、肥的作用。甜糯玉米生产，要求选择沙壤、壤土土质，肥力较高，pH6.5~7.0、深松保水、渗透性好的田块种植，在雨水较多的地区应采取垄作。

（6）科学田间管理、促进群体发展：甜糯玉米以采摘嫩早穗为目的，生长期短，因此，要早定苗，早中耕除草，早施肥。根据甜糯玉米生长期短及其加工利用特性，增施有机肥，以增强地力，提高土壤保肥能力，提高籽粒营养品质。施肥上要根据不同地力水平和不同品种的需肥特性进行配方施肥，要在穴间行内施足基种肥，一般每亩施腐熟农家肥1500~2000kg，氮、磷、钾三元复合肥（含量3个15）60kg，硫酸锌0.5~1.0kg，施肥原则是早熟品种“前重后轻”——施足基肥、早施苗肥、适施壮秆肥和重施攻穗肥。追肥方案为分别在苗期（3~4叶）、拔节初期（7~8叶）和大喇叭口期（10叶左右）每亩分别追施尿素8kg、10kg和15kg，注意施肥和追肥的质量，深度在5~7cm，覆土盖严。晚熟品种施肥比例适当调整。还可以叶面喷施生化制剂，以促进灌浆，实现穗大粒饱，提早上市时间并提高商品外观性。追肥应在植株旁10~15cm内，结合中耕除草开穴深施。磷、钾肥应一次施作基种肥，早施有利于促进壮苗早发。同时甜糯玉米要注重补施玉米微肥，以提高品质和产量。

（7）除草方法、案例及病虫害防治措施

①甜糯玉米除草方法：

a.播前杂草未出土：每亩用96%金都尔（100~120mL）+38%阿特拉津（200~267mL）对水30L均匀喷施；若施药时已有部分杂草出土，则还应加入百草枯（克无踪、克瑞踪）100~150mL，进行一封一杀。优点：对甜玉米安全性高，农残检测标准相对乙草胺宽松（尤其是对日本出口）。b.播前杂草已出土：每亩用百草枯（克无踪、克瑞踪）150~200mL对水30L针对杂草喷雾。优点是：可有效控制杂草基数，成本低，效果好。c.播后苗前出现草荒：克无踪150~200mL对水30L针对杂草喷雾。d.苗后出现草荒：早期。于杂草3叶期，每亩用耕杰125~150mL对水20~30L均匀喷施。适用于土壤封闭失败或未来得及进行封闭除草，以阔叶杂草为主的地块。

注意：a.克无踪除草剂是灭生性触杀型除草剂；杀草谱广：见绿就杀，可以杀灭绝大多数农田杂草。除草速度快：2h起效，1~2d杂草全部枯死。安全性高：遇土钝化，无残留。省工、省时、成本低；施药时间灵活：苗前、苗后行间均可。b.对甜玉米要先进行小面积测试，没有安全性问题时再大面积应用；c.避开高温期施药；d.天气干旱时要浇水后施药；e.采取顺行施药的方式。中后期：在玉米8叶期以后，幼苗与杂草有一定位差的前提下，可采取行间定向除草措施。每亩用百草枯（克无踪、克瑞踪）100~150mL对水30L，喷头加装防护罩进行定向喷施。不能在有风天施药； 配药要用清水。

②甜糯玉米化学除草实用案例：

a.土壤封闭

推荐药剂：96%金都尔乳油＋38%阿特拉津胶悬剂

方法：播后苗前每公顷用金都尔（1.2~1.8）L＋阿特拉津2.25~3L。

人工喷施：对水450~675L，机械喷施：对水180~200L。

注意：土壤有机质低、沙质土用低量；土壤有机质高、黏质土用高量。

b.行间定向除草

推荐药剂：20%克无踪水剂（灭生性触杀型除草剂）。

施药条件：在土壤封闭除草受气候等因素影响药效不好，需进行补救时。

方法在玉米株高30cm以上，杂草10~15cm时，每公顷用2.25~3L克无踪对水450L，进行行间定向喷施。

注意：喷雾器的喷头上必须加装防护罩；应避开刮风、下雨时施药；不要将药液喷到作物叶片上。

c.玉米田一封一杀

时间：小麦收获后，免耕播种玉米时，田间部分杂草已出土。

药剂：每亩用克无踪水剂（100~150mL)＋土壤封闭剂金都尔（50~80mL)，用水稀释至50kg，均匀喷施于杂草和地表。

注意：保持良好的土壤湿度；作物出苗前施药；严禁作物出苗后用药。

d.清水对药，一次喷匀，不重喷，不漏喷

e.玉米田行间除草

时间：夏季玉米行间杂草种类多，数量大，生长快，人工除草劳动强度大，速度慢，不能及时消除草害，影响作物生长。

药剂：使用克无踪水剂具体用量按厂家说明书使用，喷头上要加装防护罩，避开作物苗，均匀喷施在杂草上。

注意：喷雾器不漏水，喷头上要加装防护罩；不能使用机动弥雾机；玉米5叶期后施药，避开作物茎叶。无风或微风天喷药，大风不能喷药。

③病虫害防治措施：

甜糯玉米外观的好坏与价格有紧密联系，因此要加强病虫害的防治，并推行无公害防治，提高食用安全性。甜糯玉米主要是苗期的病毒病、地下害虫，穗期的玉米螟。玉米粗缩病发生严重的年份可导致失收。玉米螟很容易侵害甜糯玉米，特别是夏、秋两季种植的，虫害严重，不仅造成鲜穗减产，严重的是降低品质，使合格穗减少，对加工品质的影响也很大。生产中，应根据本地区甜糯玉米的不同栽培方式、播种时间，在防治技术上采用农业防治与药剂防治相结合的方法，通过耕翻、灭茬等方式，降低虫源基数，尽量少用药或不用药，优先选用高效低毒、低残留的农药，推广使用生物农药。通过采用地膜覆盖早播等措施可有效避开早世代螟虫的危害。玉米螟一代发生时间为心叶中期，心叶钻心，损伤雄穗；二代发生时间在抽丝初期，主要损伤花丝，造成授粉不良，损伤果穗，造成果穗利用率下降。防治玉米螟时，可在大喇叭口期接种赤眼蜂卵块进行生物防治最为理想，或采用药效高、无残留的药剂防治，以提高产品的食用安全性，生产无公害食品；也可在抽雄吐丝期进行，选用5%锐劲特悬浮剂1000倍或25%快杀灵乳油1000倍液、48%毒死蜱100mL防治螟虫，总体防效在90%以上。甜糯玉米的矮花叶病毒病防治一般通过选用抗病品质解决；防治玉米粗缩病采用调整播期，避开感病生育期，加上治虫防病，防治灰飞虱传毒达到防病效果。另外，甜糯玉米从出苗开始到收获期间，注意防治鼠害，如遇台风暴雨，要及时排水、扶倒，以减少损失；开花授粉期间，如遇阴雨低温天气，会造成雌、雄穗不协调和授粉不良，要及时进行人工辅助授粉，以增粒和减少秃尖，提高产量和果穗商品品质。

（8）果穗适时采收、确保鲜食特性：甜糯玉米的营养品质和商品品质，很大程度上决定于采收期的早晚，不同品种、不同播期的玉米有不同的适宜采收期，只有适期采摘，甜糯玉米才具有甜、糯、脆、嫩、营养丰富、加工品质好的特点。不同品种的适宜采收期应根据品质特性、当季的气温特点，同时依据利用及加工要求进行实际动态测定、品尝而定。做罐头、脱粒用的甜玉米，应与加工企业协商决定适宜采收期；鲜穗上市的，一般在开花授粉后17~23d采收；糯玉米的适宜采收期以玉米开花授粉后的18~25d。还可以把花丝发枯转成深褐色作为采收适期的标准。在春播情况下，采收期正值高温季节，适宜的采收期很短；在秋播情况下，采收期正值凉爽季节，适宜的采收期较长。

甜糯玉米还应注意保鲜，短期保鲜应注意不要剥去苞叶，运输途中尽可能摊开以降低温度；超甜玉米从采摘到上市的时间压缩在2h内，可保证其最佳风味；糯玉米虽然长些，但也要压缩在24h之内。

（9）常见问题及预防措施

①玉米多穗。部分田块的春玉米出现一株多穗现象，果穗结实率很低，每穗仅20~30粒，甚至没有籽粒，减产严重。

多穗原因：从玉米的生物学特性看，除顶部4~6节外，每个茎节上都有腋芽，主茎不伸长节上的腋芽会形成分蘖，伸长节上的腋芽会分化出果穗。一般情况下，只有上部1~2个腋芽可以分化成果穗，但在营养过剩的情况下，会激发3~5个腋芽分化发育，形成一株多穗现象（一些糯玉米及甜玉米品种，在适宜条件下多个腋芽会同步分化发育成穗，往往每株会出现2~3个果穗，甚至更多）。另外，玉米果穗在植物学上属于变态的侧茎，果穗柄为短缩的茎秆，各节生1片仅有叶柄的变态叶（苞叶），在苞叶叶腋中潜伏着一定数量的腋芽，在主轴死亡、养分积累较多的情况下，也会导致这些腋芽萌动，发育成多个小穗。

多穗的诱因：a.恶劣天气。高温干旱或阴雨寡照天气会使玉米出现多穗。2013年淮北地区玉米出现多穗，主要原因是抽雄授粉期间遇到异常高温干旱天气，导致花粉粒迅速失水死亡，第一雌穗受精率低，生长受抑制，在后期肥、水条件好的情况下，下面叶腋中的潜伏腋芽开始发育，养分向其他果穗输送，形成多穗，但这些果穗基本不结实或结实率低。b.病虫危害。玉米受粗缩病危害，病毒产生的激动素会打破植株体内的激素平衡，导致第一雌穗的穗位优势丧失，促进其他腋芽萌发，形成很多小穗。发病越早的植株，多穗现象越明显。c.栽培管理不当。玉米雌穗发育阶段肥水供给太足，促使多个雌穗花序发育形成多穗。种植密度过大，造成田间郁闭，授粉不良，果穗不能正常发育，促使其他腋芽发育成熟，形成多穗。

预防措施：a.选用适合当地种植的品种。b.科学管理肥水。玉米抽雄前后要求土壤含水量在70%~80%，遇旱及时灌水保墒。根据各品种的需肥特性、种植区域、栽培方式等合理施肥。中等地力田块，每亩基施三元复合肥60kg，3~4叶期每亩开沟条施尿素10kg或碳酸氢铵25kg，12~13叶期每亩施尿素30kg或碳酸氢铵70kg。c.适期播种。避开灰飞虱传毒高峰期播种，预防玉米粗缩病发生。春玉米宜在4月20~30日播种。d.合理密植。保持植株间通风透光，提高光能利用率，紧凑型玉米品种每亩栽3500~4000株。e.加强田间管理。及时中耕除草，保持土壤疏松。出现多穗后，保留1~2个果穗，其他果穗及时掰除，避免消耗养分，促进果穗正常生长。

②玉米不结穗、不长个、植株矮小。

原因：这可能是得了粗缩病，是一种病毒病，在套种地块发病较重。是由蚜虫、飞虱、蓟马等害虫为害传毒引起的。在玉米的幼苗期，也就是7叶前容易感病。发病早的往往就不出果穗，不结棒子，重病地块能减产20%~50%。

防治办法：在玉米2~3叶时，用天达2116壮苗灵600倍＋20%病毒特800倍＋3%天达啶虫脒1000~1500倍或40%雅克8000倍均匀喷雾，每隔10d喷1次，连喷2~3次。

③玉米穗上的金龟子。

防治方法：一用人工捕捉；二用药剂防治，在玉米灌浆期用2%天达阿维菌素4000倍＋2.5%天达高效氯氟氰菊酯1500倍液，每隔5~7d喷1次，连喷2次。

④玉米叶片萎蔫打绺。

防治方法：有灌溉条件的立即浇水，无水浇条件的，在苗期发生叶片萎蔫的，应立即喷施600倍天达2116壮苗灵，每隔5d喷1次，连续喷施2次，可有效解救。拔节期后叶片萎蔫，可及时喷施600倍粮食专用型天达2116，解救旱灾。

⑤玉米叶片黄化、一片片的发白。

原因：这是土壤中有残留的除草剂引起的药害。

防治方法：发现这种情况应立即喷施600倍天达2116壮苗灵＋200倍红糖＋500倍尿素＋1500倍天达有机硅液，每隔5~7d喷1次，连续喷2~3次，可使叶片基本恢复正常，即便受害叶片不能转绿色，但新发叶片会呈显绿色。

十六、其他新特品种

1. 冰菜

冰菜属番杏科，龙须海棠类植物，1年生草本植物。英文名为Common Ice Plant（在日本给这种植物起名为冰叶日中花），因为在叶子表面上有盐隔离，看起来就像冰一样，所以被称为冰菜。原产地为南部非洲的纳米比亚沙漠等干燥区域。可在一般植物所具有的C3型光合成同干燥地生长植物所具有的CAM型光合成之间进行转换，作为一种C3/CAM可转换控制型植物而备受关注。冰叶日中花自身从根部吸收的矿物质（盐分等）在体内储存过多使之无法正常调整时，这些成分会被释放到茎部及叶部表面的透明袋状格纳库“控盐细胞”中，在食用时产生的咸味就是由此而来的。另外由于是在植物工厂内栽培而成，食用时无须担心农药污染方面的问题，适当的盐分，清脆的口感，使得冰菜被称为是一种“安全、安心”的蔬菜。

营养价值：

环境承受力很强，富含氨基酸、抗酸化物质等机能性高的物质。冰菜中的酸味是天然的苹果酸味，并且富含钠、钾、胡萝卜素等矿物质，凝聚了卷心菜、白菜、莴苣等的特性之一，是高营养价值的蔬菜。

特征特性：

（1）原产南非的多肉植物，作为法国料理的食材而引人注目。植物的特性是耐干燥，耐盐性很高，是咸性植物的一种。它如同海水一般咸，在钠的水溶液中进行水耕栽培也可以。生长周期半年左右，栽培也容易，因此在植物的耐盐性研究上被作为生物样本收集。口感上新鲜、娇嫩、水灵并且具有颗粒感的新型蔬菜。

（2）高温期的栽培即使是密植也成一簇一簇的，并且耐寒性强，是容易种植的品种。

（3）和别的品种相比，侧枝会多，是叶肉厚的多收性品种。

（4）肉厚的叶子以及口感清脆的茎，稍微感觉到有点咸，其他无异味。

栽培技术要点：

冰菜属于新型蔬菜，因此其栽培方法多样。土耕栽培或者水耕栽培都能生长，由于栽培方法和时间不同，食物的味道也会发生变化。若要生产出既美味又高品质的产品，下面这个栽培方法或许是正确的栽培方法其中的一种。

在育苗盘里播入一颗，或者是以9cm为一个点进行3颗一播种。覆土若过厚，会影响其发芽，所以只要轻轻地覆土即可。为了使其发芽更好的关键是，播种后的温度管理是以20℃左右为目标，在低温时期，要利用保温箱等。若秋天播种栽培，有时会受到高温的影响，发芽率会降低。注意保持育苗房常通风，使其育苗环境的温度下降。待叶长到第4~5片叶子、播种后20~40d（因栽培时期而异）时就是定植的合适的时期。由于产地不同，可以进行直播，但若想提高优秀品率或者延长收获期，就要育苗栽培。

2. 紫红色叶大根

日本叶用萝卜紫红萝卜叶在香港是非常受欢迎的食品，市场售价为每500g12港币。是高级酒店、餐厅常用来做沙拉菜的蔬菜品种，是绿色食品。适应性广，一年四季均可播种，茎及叶、根部均为紫红色，生育期15~20d可采收，生食、炒食、腌制均可，口感佳，萝卜味道浓。

3. 藤本豆

藤本豆是由野生滕豆和普通油豆杂交而来，具有独特的植物学特性，兼有野生滕豆多年生与普通油豆高产的特性，适合不同的质地土壤。多年生藤本豆具有野生藤豆的顽强生命力，有抵御多种自然灾害（病、虫、旱、涝、风沙、冰雹）的能力，种一次就可以多年生长，只要在0℃以上就可以天天开花、日日结荚，还能像树木一样随时带花带荚移栽，而且经过多年的试验表明，藤本豆不需要化肥，更有利于环境保护，是兼具菜、粮、林、景观为一体的新品种。藤本豆既可用于生产作为新型的绿色保健食品，又可作为景观植物发展立体观光旅游产业。成熟的藤本豆地，绿色的蔓藤缠绕豆架，紫色的小花和豆角点缀其中，远远望去煞是好看。露地栽培既可以当作立体长廊观光作物，又可以装饰房屋墙面，具有很好的观赏示范推广价值。

藤本豆生长周期长，生长迅速，产量高，生长点多，耗水量少，对土壤要求不严格，在选择种植时最好选择避风条件好、阳光充足的环境，土壤尽量选择土层深厚、结构疏松、排水良好的壤土或沙壤土，土壤以微酸性为佳，地下水要求在1m以下，水源充足，排灌方便；藤本豆根系再生能力强，在栽植上可以采用育苗移栽与直播两种方法，播种后一般3~5d即可出苗，经过试验证明藤本豆露地栽培宜点播，每穴可点3个种子，藤本豆抽枝长蔓迅速，当第三片叶片长出后就应搭支架；

藤本豆开花结果时间较长，每一花序有5~9组花，每组有3~5朵花，每一朵花都可结荚，开花后12~15d荚果饱满，籽粒未显时即可采收鲜豆，25~30d肉皮干枯即可采收豆籽。藤本豆抗逆性强，一般不需要施肥和病虫害防治，但在比较贫瘠的土壤上种植，可适量追施有机肥，并在花期后特别注意防治蚜虫、锈病等病虫害。

4. 油莎豆

油莎豆是最早从非洲引进的一种优质高产、综合价值很高的油、粮多用新型作物，又名油莎草、油莎果、铁荸荠、地下板栗、地下核桃、人参果，是莎草科、莎草属、多年生草本植物，作为1年生油料作物栽培，现已在北京、甘肃、广西、江西、四川、山东等20多个省（市、自治区）种植。油莎豆喜温暖湿润气候，耐旱、耐涝、耐贫瘠且耐盐碱；在沙质土、白浆土、盐碱地、黑土及荒地山坡等低、中、高肥力土地上均可种植，易种易管，可以单种，也可以与其他作物套种（如茶林、果园、瓜地等）最适宜沙壤土，我国除北部寒冷地区外均能生长，主要以块茎繁殖。油莎豆具有多种用途，地下结果，块茎含油率和出油量高，被称为“油料作物之王”；地上生草，生长茂密，覆盖性好，一般可长到50cm高，如果土壤肥力高可达100~120cm，油莎豆须根系，分蘖力强，呈株丛生长，叶片扁而厚，细长呈剑状。每亩可以产鲜草3000kg以上，是饲养牛、羊、鱼、兔、鹅的优质饲料，可以应用到园区绿化或套种在林间、果园等地。既可作为绿肥培养地力、抑制杂草、美化环境、防止水土流失，又可增加田间收入，一举多得，油莎豆是景观生态农业的重要资源。

油莎豆播种、管理、收获、贮藏与花生相似，喜光、好气、耐旱、抗盐碱，最好种植在黄沙土壤上。春季播种，每亩用种8~10kg，播种前挑选粒大、饱满、成熟一致、无机械损伤和病虫害的块茎作种，一般来说长椭圆形的块茎产量最高，其次是椭圆形的，月牙形的块茎产量最低，为保证产量和出苗整齐，最好选用上一年新收获的块茎。油莎豆一般在20℃左右条件下发芽最快，当地温稳定在15℃以上时播种比较合适，过早播种易受低温为害影响出苗率，若播种太晚会影响块茎成熟，产量低；播种期为3~7月份，株距30cm，行距50cm，全生育期110~130d，几乎没有病虫害，不用打药。油莎豆耐贫瘠，但要获得高的产量还要满足养分的需求，油莎豆对磷、钾肥需要量大，施磷、钾肥增产效果明显，一般前期以施氮肥为主，中期以施磷、钾肥为主，在施基肥的基础上，如在分蘖期每亩追施硫胺、过磷酸钙效果更佳。

参考文献

[1] 曹华. 12种特菜高效益设施栽培综合配套新技术. 北京：中国农业出版社，2013.

[2] 中国农业科学院蔬菜花卉研究所. 中国蔬菜栽培学. 北京：中国农业出版社，2009.

[3] 陶君，杨洁，高艳明. 拇指黄瓜的引种与栽培，中国蔬菜，2013（13）：30-31.

[4] 李海燕. 黄瓜新品种——戴多星. 天津农林科技，2011（3）：29-30.

[5] 任广乾，原守武，任希城. 蔬菜新品种紫花椰菜的特点及栽培技术. 农业科技通讯，2011（7）：196.

[6] 张彦萍，刘海河. 苦瓜优质高产栽培. 2版. 北京：金盾出版社，2010.